# 그림으로 개념 잡는 초등수학

## 2-2

이렇게 공부해 봐~

## 1. 제일 먼저, 개념 만나기부터!

개념
만나기

꼭 알아야 하는
중요한 개념이
여기에 들어있어.
그냥 넘어가지 말고,
꼼꼼히 살펴봐~

> 개념
> 만나기   1. 몇 시 몇 분 (1)
>
> 긴 바늘은
> 분을 나타내요.
>
> 짧은바늘은
> 시를 나타내요.
>
> 시계 읽는 법
> □시 △분
>
> 114 초등수학 2학년 2학기
>
> ・4단원 시각과 시간
>
> '분'은 여기서부터
> 시작!
>
> 작은 한 칸이 1분
>
> 짧은바늘 읽는 법
> 두 숫자 사이에 있을 때는
> 먼저 나온 숫자에 '시' 붙이기
>
> 긴바늘 읽는 법
> 12에서부터
> 작은 칸의 개수를 세어서
> '분' 붙이기
>
> → 8시 6분
>
> 4. 시각과 시간 115

## 2. 그 다음, 개념 쏙쏙과 개념 익히기

개념
쏙쏙

개념 익히기

개념 만나기에서 설명한 내용을 수학적으로 정리해 놓은
부분이지. 그래서, 이름도 개념 쏙쏙이야.
개념을 쏙쏙 친구의 것으로 만들었으면, 제대로 이해했는지
문제로 확인해 보는 게 좋겠지?
개념 익히기로 가볍게 개념을 확인해 봐~

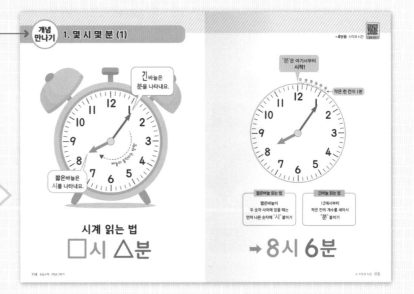

> 개념
> 쏙쏙   (오전)+(오후)=(하루)          ● 하루
>
> 지수의 하루 일과표입니다.
>
> 1일 = 12시간 + 12시간 = 24시간
>
> 개념 익히기
>
> 빈칸을 알맞게 채우세요.
>
> 1  1일 = 24 시간
>
> 2  28시간 = ☐일 ☐시간
>
> 3  1일 9시간 = ☐시간
>
> 128 초등수학 2학년 2학기

## 3. 개념 다지기와 펼치기

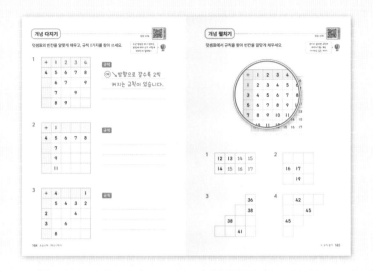

배운 개념을 문제를 통하여
우리 친구의 것으로 완벽히
만들어 주는 과정이지.
그러니까, 건너뛰는 부분 없이
다 풀어 봐야 해~
수학의 원리를 연습할 수 있는
좋은 문제들로만 엄선했어.

## 4. 각 단원의 끝에는 개념 마무리

개념 **마무리**

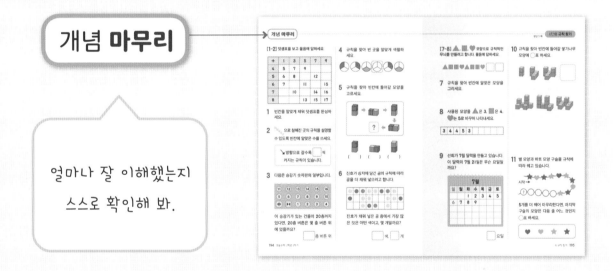

얼마나 잘 이해했는지
스스로 확인해 봐.

## 5. 그래도, 수학은 혼자 하기 어렵다구?

걱정하지 마~
매 페이지 구석구석에 개념 설명과 문제 풀이
강의가 QR코드로 들어있다구~ 혼자 공부하기
어려운 친구들은 QR코드를 스캔해 봐~

# 공부 계획표

시작!

## 1단원. 네 자리 수

| 12~17쪽 | 18~23쪽 | 24~29쪽 | 30~33쪽 | 34~37쪽 |
|---|---|---|---|---|
| **1.** 1000 | **2.** 몇천<br>**3.** 네 자리 수 | **4.** 각 자리의 숫자<br>**5.** 뛰어 세기 | **6.** 수의 크기 비교 | ✅ 개념 마무리 |
| 월 일 | 월 일 | 월 일 | 월 일 | 월 일 |

## 2단원. 곱셈구구

| 40~45쪽 | 46~49쪽 | 50~59쪽 | 60~67쪽 |
|---|---|---|---|
| **1.** 2단 곱셈구구 | **2.** 5단 곱셈구구 | **3.** 3단 곱셈구구<br>**4.** 6단 곱셈구구 | **5.** 4단 곱셈구구<br>**6.** 8단 곱셈구구 |
| 월 일 | 월 일 | 월 일 | 월 일 |

| 68~75쪽 | 76~83쪽 | 84~87쪽 |
|---|---|---|
| **7.** 7단 곱셈구구<br>**8.** 9단 곱셈구구 | **9.** 1단 곱셈구구  **10.** 0의 곱<br>**11.** 곱셈표 | ✅ 개념 마무리 |
| 월 일 | 월 일 | 월 일 |

## 3단원. 길이 재기

| 90~95쪽 | 96~101쪽 | 102~107쪽 | 108~111쪽 |
|---|---|---|---|
| **1.** cm보다 더 큰 단위<br>**2.** 길이 재기 | **3.** 길이의 합<br>**4.** 길이의 차 | **5.** 길이 어림하기 (1)<br>**6.** 길이 어림하기 (2) | ✅ 개념 마무리 |
| 월 일 | 월 일 | 월 일 | 월 일 |

4단원으로!

동그라미와 함께 재미있게 공부하고 스스로 표시해 보세요.

# 4단원. 시각과 시간

| 114~119쪽 | 120~127쪽 | 128~133쪽 | 134~137쪽 | 138~141쪽 |
|---|---|---|---|---|
| **1.** 몇 시 몇 분 (1)<br>**2.** 몇 시 몇 분 (2) | **3.** 여러 방법으로 시각 읽기<br>**4.** 1시간 | **5.** 하루<br>**6.** 달력 | **7.** 1년 | ✓ 개념 마무리 |
| 월 일 | 월 일 | 월 일 | 월 일 | 월 일 |

# 5단원. 표와 그래프

| 144~149쪽 | 150~157쪽 | 158~161쪽 | 162~165쪽 |
|---|---|---|---|
| **1.** 자료를 분류하여 표로 나타내기<br>**2.** 자료를 조사하는 방법 | **3.** 그래프로 나타내기 | **4.** 표와 그래프의 내용 | ✓ 개념 마무리 |
| 월 일 | 월 일 | 월 일 | 월 일 |

# 6단원. 규칙 찾기

| 168~173쪽 | 174~177쪽 | 178~181쪽 |
|---|---|---|
| **1.** 한 줄 규칙 찾기<br>**2.** 여러 줄 규칙 찾기 | **3.** 복잡한 규칙 찾기 | **4.** 쌓은 모양에서 규칙 찾기 (1)<br>**5.** 쌓은 모양에서 규칙 찾기 (2) |
| 월 일 | 월 일 | 월 일 |

| 182~185쪽 | 186~189쪽 | 190~193쪽 | 194~197쪽 |
|---|---|---|---|
| **6.** 덧셈표에서 규칙 찾기 | **7.** 곱셈표에서 규칙 찾기 | **8.** 생활에서 규칙 찾기 | ✓ 개념 마무리 |
| 월 일 | 월 일 | 월 일 | 월 일 |

참 잘했어요!
끝!

## 왜?

" 그림으로 개념 잡는 "
**초등수학**   이 나오게 됐냐면...

초등학교 2학년 수학 교과서를 본 적이 있어? 초등학교 2학년 과정에서 배우는 내용은 간단해. 그런데 창의성을 키우기 위한 낯선 유형의 문제들이 많아져서 교과서에 나오는 문제조차 복잡한 경우가 많이 있거든. 그러다 보니 **개념을 충분히 연습하지 못한 채 응용문제를 접하게 되고, 이런 수학교육의 현실이 수학을 어렵고, 힘든 과목이라고 오해하게 만든 거야.**

## 그래서 어려운 거였구나..

이 책은 지나친 문제 풀이 위주의 수학은 바람직하지 않다는 생각에서 출발했어. 초등학교 시기는 수학을 활용하기에 앞서 기초가 되는 개념을 탄탄히 다져야 하는 시기이기 때문이지. 그래서 꼭 알아야 하는 개념을 충분히 익힐 수 있도록 만들었어. 같은 유형의 문제를 기계적으로 풀게 하는 것이 아니라, **꼭 알아야 하는 개념을 단계적으로 연습할 수 있도록 구성했어.**

"어렵고 복잡한 문제로 수학에 흥미를 잃어가는
우리 아이들에게 수학은 결코 어려운 것이 아니며
즐겁고 아름다운 학문임을 알려주고 싶었습니다.
이제 우리 아이들은 수학을 누구보다 잘해 나갈 것입니다.
" 그림으로 개념 잡는 " 초등수학 이 함께 할 테니까요!"

## 2학년 2학기 초등수학 차례

**1** 네 자리 수 ···························· 12

**2** 곱셈구구 ···························· 40

**3** 길이 재기 ···························· 90

**4** 시각과 시간 ···························· 114

**5** 표와 그래프 ···························· 144

**6** 규칙 찾기 ···························· 168

**+** 정답 및 해설 ···················· 별도의 책

# 약속해요

공부를 시작하기 전에
친구는 나랑 약속할 수 있나요?

1. **바르게 앉아서 공부합니다.**

2. **꼼꼼히 읽고, 개념 설명은 소리 내어 읽습니다.**

3. **바른 글씨로 또박또박 씁니다.**

4. **책을 소중히 다룹니다.**

약속했으면 아래에 서명을 하고, 지금부터 잘 따라오세요~

**이름:** _____ (인)

# 1 네 자리 수

**이 단원에서 배울 내용**

몇천 몇백 몇십 몇, 각 자리의 숫자

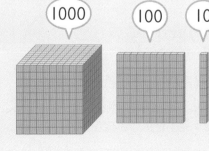

1 1000

2 몇천

3 네 자리 수

4 각 자리의 숫자

5 뛰어 세기

6 수의 크기 비교

# 개념 만나기 1. 1000

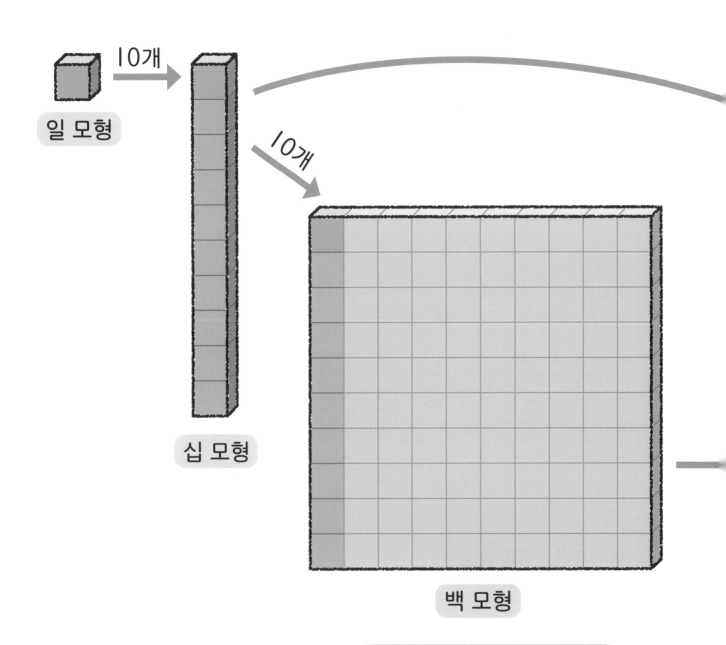

일 모형 → 10개 → 십 모형 → 10개 → 백 모형

- 10이 10개인 수
- 90보다 10만큼 더 큰 수
- 99보다 1만큼 더 큰 수

· **100**이 **10**개이면 **1000**
· **10**이 **100**개이면 **1000**
· **1**이 **1000**개이면 **1000**

100개

10개

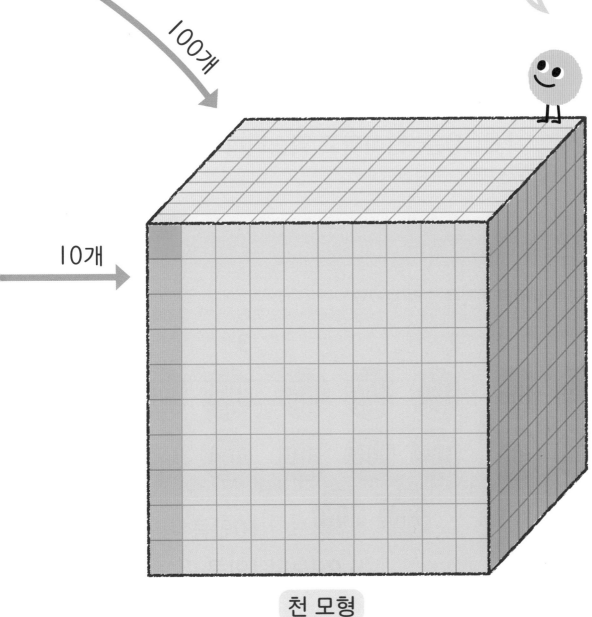

천 모형

## 개념 쏙쏙   쓰기: 1000   읽기: 천

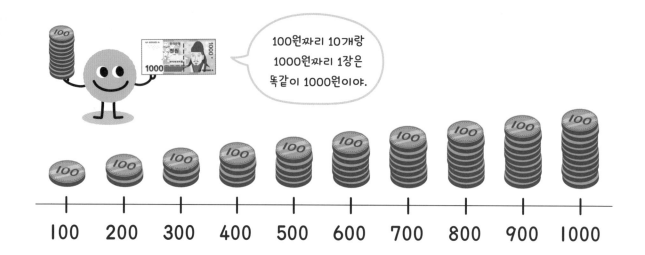

100원짜리 10개랑 1000원짜리 1장은 똑같이 1000원이야.

100  200  300  400  500  600  700  800  900  1000

- 100이 10개이면 1000입니다.
- 900보다 100만큼 더 큰 수는 1000입니다.
- 990보다 10만큼 더 큰 수는 1000입니다.
- 999보다 1만큼 더 큰 수는 1000입니다.

### 1000은 천이라고 읽습니다.
쓰기       읽기

## 개념 익히기

정답 2쪽

1000원이 되도록 100원 동전을 그려 보세요.

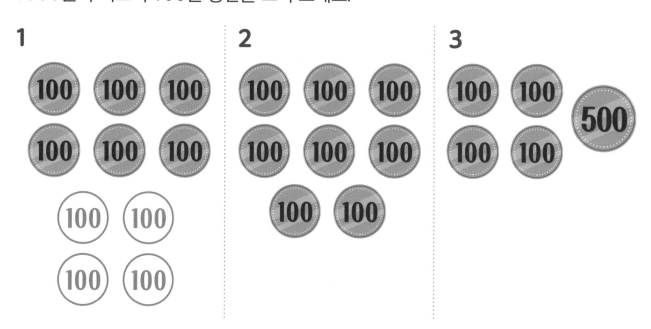

**1**

100 100 100
100 100 100
(100) (100)
(100) (100)

**2**

100 100 100
100 100 100
100 100

**3**

100 100
100 100 500

## 개념 다지기

수직선의 빈칸을 알맞게 채우고 괄호 안에 ◯, ✕를 쓰세요.

얼마씩 커지는지 잘 봐~

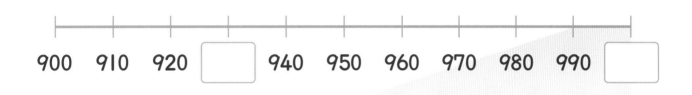

0  100  200  300  400  500  600  ☐  800  900  ☐

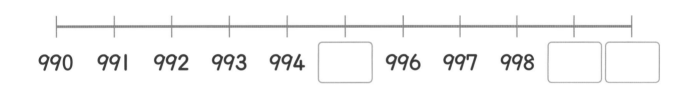

900  910  920  ☐  940  950  960  970  980  990  ☐

990  991  992  993  994  ☐  996  997  998  ☐  ☐

1000은 100이 10개인 수야.

( )

1000은 900보다 100만큼 더 큰 수야.

( )

1000은 990보다 1만큼 더 큰 수야.

( )

1000은 999보다 1만큼 더 작은 수야.

( )

## 개념 다지기

지갑 안에 들어있는 돈이 1000원이 되도록, 동전을
더 그리거나 ✕표로 지우세요.

900보다 100만큼
더 큰 수가 1000~

**1**

**2**

**3**

**4**

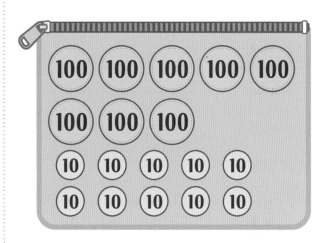

빈칸을 알맞게 채우세요.

동전이 10개, 100개, …가
되면 얼마가 되는지를 생각하기!

**1**

500 원이 [ 2 ] 개 =

**2**

100 원이 [   ] 개 =

**3**

10 원이 [   ] 개 =

**4**

10 원이 [   ] 개 =

**5**

1 원이 [   ] 개 =

| | 1000의 개수 | 쓰기 | 읽기 |
|---|---|---|---|
|  | 1개 | 1000 | 천 |
| | 2개 | 2000 | 이천 |
| | 3개 | 3000 | 삼천 |
| | 4개 | 4000 | 사천 |
| ⋮ | ⋮ | ⋮ | ⋮ |
| | 9개 | 9000 | 구천 |

## 개념 익히기

정답 3쪽

수 모형이 나타내는 수를 쓰고 읽어 보세요.

**1**

- 쓰기 : <u>5000</u>
- 읽기 : <u>오천</u>

**2**

- 쓰기 : _____
- 읽기 : _____

**3**

- 쓰기 : _____
- 읽기 : _____

## 개념 다지기

빈칸을 알맞게 채우세요.

동전을 1000원씩
묶어 보기!

**1**

🪙 100 100 100 100 100
100 100 100 100 100
= 3000

**2**

=

**3**

500 500   500 500

=

**4**

500 500
100 100 100 100 100
100 100 100 100 100

=

**5**

500   100 100 100
100 100

=

## 개념 다지기

설명하는 수를 쓰고, 읽어 보세요.

 쓰기는 수로,
읽기는 한글로~

**1**

천 모형이
**6**개 있어.

• 쓰기 : ___6000___

• 읽기 : ___육천___

**2**

천 모형이
**5**개 있어.

• 쓰기 : _____

• 읽기 : _____

**3**

백 모형이
**10**개 있어.

• 쓰기 : _____

• 읽기 : _____

**4**

백 모형이
**30**개 있어.

• 쓰기 : _____

• 읽기 : _____

**5**

천 모형이 **8**개 있고,
백 모형이 **10**개 있어.

• 쓰기 : _____

• 읽기 : _____

빵을 5000원어치 살 수 있는 여러 가지 방법을 쓰세요.

빵 가격이 각각
얼마인지 잘 봐~

단팥빵
1000원

꽈배기
1000원

소시지빵
2000원

식빵
4000원

크루아상
2000원

바게트
3000원

샌드위치
5000원

**예** 나는 5000원으로 **단팥빵 2개와 바게트 1개** 를 샀어.

나는 5000원으로
_____
_____
_____
를 샀어.

나는 5000원으로
_____
_____
_____
를 샀어.

나는 5000원으로
_____
_____
_____
를 샀어.

나는 5000원으로
_____
_____
_____
를 샀어.

**1000이 3개, 100이 4개, 10이 5개, 1이 2개인 수**

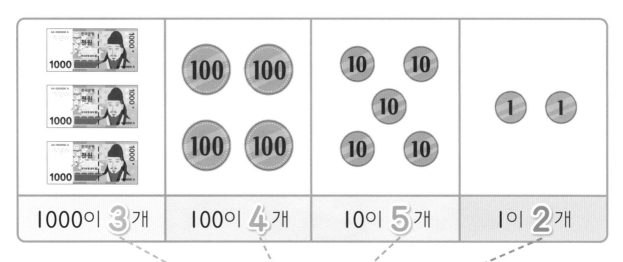

| 1000이 **3**개 | 100이 **4**개 | 10이 **5**개 | 1이 **2**개 |

**3452**

쓰기 **3452**    읽기 **삼천사백오십이**

개념 익히기

정답 4쪽

그림을 보고 빈칸을 알맞게 채우세요.

**1** 1000 1000  100 100 100 100  1 1 1 1 1 1

1000이 **2** 개, 100이 **4** 개, 10이 **0** 개, 1이 ☐ 개이면  2406  입니다.

**2** 1000 1000 1000  100 100  10 10 10 10 10  1 1 1

1000이 ☐ 개, 100이 ☐ 개, 10이 ☐ 개, 1이 ☐ 개이면 ☐ 입니다.

설명하는 수를 쓰고, 읽어 보세요.

1000, 100, 10, 1이 각각
몇 개인지 잘 봐.

**1**
1000이 5개
100이 4개
10이 0개
1이 7개

이면 │ 5407 │ 입니다.

읽기 → 오천사백칠

**2**
1000이 9개
100이 0개
10이 3개
1이 2개

이면 │ │ 입니다.

읽기 → _____

**3**
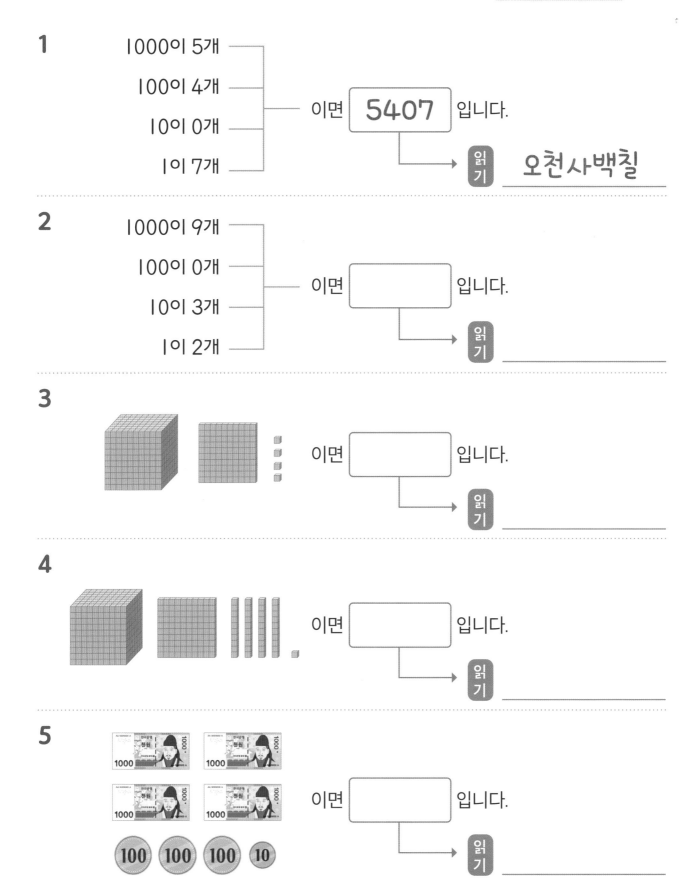

이면 │ │ 입니다.

읽기 → _____

**4**
이면 │ │ 입니다.

읽기 → _____

**5**
1000 1000
1000 1000
100 100 100 10

이면 │ │ 입니다.

읽기 → _____

# 개념 쏙쏙 자리에 따라 달라지는 값

```
1000이    100이    10이    1이
 3개       2개     3개     5개
```

| 3000 | 200 | 30 | 5 |

## 3 2 3 5

같은 숫자라도 어느 자리에 있는지에 따라 나타내는 수가 달라!

| 천의 자리 | 백의 자리 | 십의 자리 | 일의 자리 |

**3235 = 3000 + 200 + 30 + 5**

## 개념 익히기

빈칸에 알맞은 수를 쓰세요.

정답 4쪽

**1**

| 3 | 8 | 5 | 2 | = | 3000 | + | 800 | + | 50 | + | 2 |

**2**

| 5 | 3 | 0 | 4 | = | | + | | + | | + | 4 |

**3**

| 2 | 1 | 7 | 9 | = | 2000 | + | | + | | + | |

## 개념 다지기

정답 4쪽

밑줄 친 숫자가 나타내는 수를 쓰세요.

어느 자리의 숫자인지
잘 보라구~

**1**

2 3 <u>6</u> 8 ............. 60

**2**

<u>7</u> 0 9 1 .............

**3**

3 8 0 <u>4</u> .............

**4**

5 <u>6</u> 4 7 .............

**5**

<u>4</u> 0 0 9 .............

**6**

8 2 5 <u>3</u> .............

## 개념 다지기

정답 5쪽

물음에 답하세요.

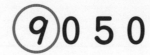
오른쪽에서부터 일, 십, 백, 천!

**1** 천의 자리 숫자에 ◯표 하세요.

⑨ 0 5 0

**2** 십의 자리 숫자에 △표 하세요.

6 3 1 4

**3** 밑줄 친 숫자는 얼마를 나타낼까요?                    (                    )

<u>8</u> 0 4 3

**4** 700을 나타내는 숫자에 ◯표 하세요.

7 7 2 7

**5** 백의 자리 숫자가 0인 수를 모두 찾아 ◯표 하세요.

6012       사천십이       5108       천칠백사

수 카드 4장을 한 번씩만 사용하여 네 자리 수를 만듭니다.
알맞은 수를 모두 쓰세요.

네 자리 수를 만드니까 네 칸을
그려 놓고 하나씩 채워 봐.

**1**  천의 자리 숫자가 5, 백의 자리 숫자가 6인 네 자리 수

( 5678 , 5687 )

**2**  천의 자리 숫자가 1, 백의 자리 숫자가 3인 네 자리 수

(      ,      )

**3**  백의 자리 숫자가 9, 일의 자리 숫자가 2인 네 자리 수

(      ,      )

**4**  십의 자리 숫자가 7, 일의 자리 숫자가 4인 네 자리 수

(          )

**5**  백의 자리 숫자가 8, 십의 자리 숫자가 6인 네 자리 수

(          )

## 개념 쏙쏙 여러 가지 방법으로 뛰어 세기

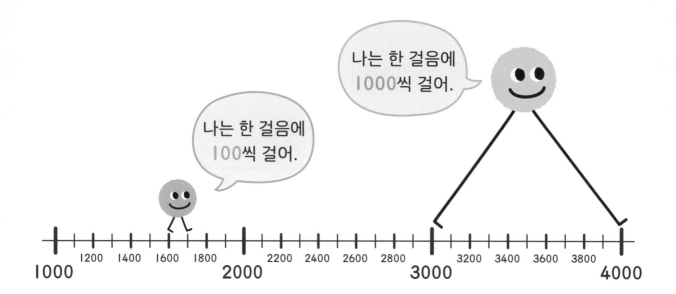

1000−2000−3000−4000−5000 : 1000씩 뛰어 세기
5000−5100−5200−5300−5400 : 100씩 뛰어 세기
5400−5410−5420−5430−5440 : 10씩 뛰어 세기
5440−5441−5442−5443−5444 : 1씩 뛰어 세기

### 개념 익히기

정답 5쪽

01-16

빈칸을 알맞게 채우세요.

**1**

| 1000씩 뛰어 세기 | 3062 — 4062 — 5062 — 6062 |

**2**

| 100씩 뛰어 세기 | 7062 — 7162 — ☐ — 7362 |

**3**

| 10씩 뛰어 세기 | 7362 — 7372 — 7382 — ☐ |

수에 해당하는 글자에 ◯표 하고, 낱말을 완성해 보세요.

얼마씩 뛰어 세는지
잘 살펴봐~

**1**  1000씩 뛰어 세어 **5375** 찾기

| 1375 | 2375 | 사 | 랑 | (우) | 정 | 용 | 기 |

**2**  100씩 뛰어 세어 **6743** 찾기

| 6043 | 6143 | 정 | 다 | 운 | 꾀 | 꼬 | 리 |

**3**  10씩 뛰어 세어 **5157** 찾기

| 5137 | 5147 | 나 | 비 | 야 | 날 | 아 | 라 |

**4**  1씩 뛰어 세어 **4193** 찾기

| 4186 | 4187 | 도 | 레 | 미 | 파 | 솔 | 라 |

| 1 | 2 | 3 | 4 |
|---|---|---|---|
| 5375 | 6743 | 5157 | 4193 |

↓

| 우 | | | |

# 개념 쏙쏙 높은 자리 수부터 비교

천의 자리 숫자가 큰 쪽이 큰 수입니다.

천 백 십 일 천 백 십 일
**1897 < 2000**
1 < 2

천의 자리 숫자가 같으면,
백의 자리 숫자가 큰 쪽이 큰 수입니다.

천 백 십 일 천 백 십 일
**5762 > 5496**
7 > 4

천의 자리 숫자, 백의 자리 숫자가 같으면,
십의 자리 숫자가 큰 쪽이 큰 수입니다.

천 백 십 일 천 백 십 일
**3057 < 3082**
5 < 8

천의 자리 숫자, 백의 자리 숫자, 십의 자리 숫자가 같으면,
일의 자리 숫자가 큰 쪽이 큰 수입니다.

천 백 십 일 천 백 십 일
**7809 > 7803**
9 > 3

## 개념 익히기

정답 6쪽

빈칸을 알맞게 채우고, 더 큰 수에 ○표 하세요.

**1**

4158 →

| 천의 자리 | 백의 자리 | 십의 자리 | 일의 자리 |
|---|---|---|---|
| 4 | 1 | 5 | 8 |
| 6 | 7 | 0 | 3 |

(6703) →

**2**

3790 →

3782 →

| 천의 자리 | 백의 자리 | 십의 자리 | 일의 자리 |
|---|---|---|---|
|  |  |  |  |
|  |  |  |  |

**3**

2061 →

2062 →

| 천의 자리 | 백의 자리 | 십의 자리 | 일의 자리 |
|---|---|---|---|
|  |  |  |  |
|  |  |  |  |

크기를 비교하여 ◯ 안에 >, <를 알맞게 쓰세요.

높은 자리부터
차례로 비교하기!

**1**  4368    4451

**2**  3000    2140

**3**  5993    5971

**4**  8001    8010

**5**  천이 6개, 백이 2개, 십이 5개, 일이 4개인 수    육천이백오십팔

**6**  1000이 7개, 100이 3개, 10이 9개, 1이 2개인 수    칠천삼백이십구

수 카드 4장을 한 번씩만 사용하여 네 자리 수를 만듭니다. 빈칸에 알맞은 수를 쓰세요.

높은 자리의 수가 클수록 큰 수!

**1**

• 가장 큰 네 자리 수: 9621

• 가장 작은 네 자리 수:

**2**

• 가장 큰 네 자리 수:

• 가장 작은 네 자리 수:

**3**

• 가장 작은 네 자리 수:

• 두 번째로 작은 네 자리 수:

**4**

• 가장 큰 네 자리 수:

• 가장 작은 네 자리 짝수:

## 개념 펼치기

0부터 9까지의 수 중에서 ? 안에 들어갈 수 있는 숫자를 모두 쓰세요.

천의 자리부터 차례대로 비교하는 거야~

**1**

?850 > 6319

? = **6, 7, 8, 9**

**2**

4185 > 4?92

? = _____

**3**

50?8 > 5047

? = _____

**4**

?623 > 8591

? = _____

**5**

3052 > 30?1

? = _____

## 개념 마무리

**1** 지후가 설명하는 수는 무엇일까요?

100이 10개인 수야.

지후

(                    )

**2** 1000에 대한 설명입니다. 빈칸을 알맞게 채우세요.

┌ 900보다 [        ]만큼 더 큰 수

├ 990보다 [        ]만큼 더 큰 수

└ [        ]보다 1만큼 더 큰 수

**3** 관계있는 것끼리 선으로 이으세요.

| 오천 | • | • | 8000 |
| 팔천 | • | • | 6000 |
| 육천 | • | • | 5000 |

**4** 정국이의 지갑에 들어있는 돈은 그림과 같습니다. 모두 얼마일까요?

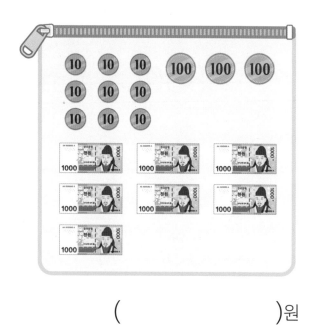

(                    )원

**5** 지유가 고른 수에 ○표 하세요.

내가 고른 수를 읽으면 '오천'으로 시작하고 '삼'으로 끝나!

지유

5093

5365

3593

**6** 빈칸을 알맞게 채우세요.

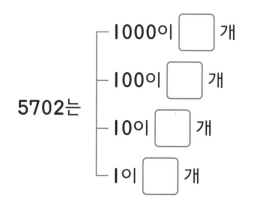

5702는

┌ 1000이 [        ]개

├ 100이 [        ]개

├ 10이 [        ]개

└ 1이 [        ]개

**7** 밑줄 친 숫자가 나타내는 수가 가장 큰 수의 기호를 쓰세요.

> ㉠ 3<u>1</u>94  ㉡ 470<u>9</u>
> ㉢ 8<u>9</u>62  ㉣ <u>9</u>006

( )

**8** 풍선이 한 봉지에 100개씩 들어있습니다. 80봉지에 들어있는 풍선은 모두 몇 개일까요?

( )개

**9** 1000씩 뛰어 세어 보세요.

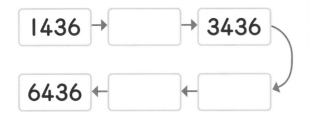

**10** 두 수의 크기를 비교하여 ◯ 안에 >, <를 알맞게 쓰세요.

(1) **2095** ◯ **2078**

(2) **8020** ◯ **8202**

**11** 하연이는 사탕과 초콜릿을 각각 한 개씩 사고 아래와 같이 돈을 냈습니다. 하연이가 낸 돈에서 사탕 1개의 가격만큼 ╱표로 지우고, 초콜릿의 가격을 구하세요.

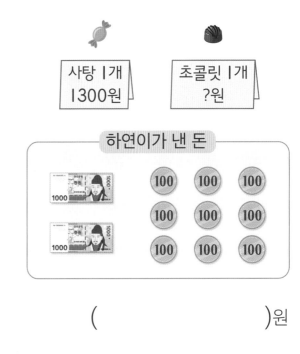

사탕 1개 1300원 | 초콜릿 1개 ?원

하연이가 낸 돈

( )원

**12** 6097보다 크고 6104보다 작은 네 자리 수는 모두 몇 개일까요?

( )개

## 개념 마무리

**13** 태민이는 **7500**원으로 친구에게 줄 생일 선물을 사려고 합니다. 그림의 물건 중에서 태민이가 살 수 <u>없는</u> 물건을 모두 쓰세요.

색연필 **5870**원

손목시계 **9230**원

보드게임 **7490**원

연필깎이 **7230**원

필통 **4370**원

가방 **9050**원

( )

**14** 규칙에 따라 뛰어 세기를 합니다. 빈 곳에 알맞은 수를 쓰세요.

4235  5235  ♡  7235

**[15-16]** 주어진 수 배열표를 보고 물음에 답하세요.

| 2050 | 2060 | 2070 | | 2090 ▶ |
|------|------|------|------|------|
| | 2160 | 2170 | | ☆ |
| | 2260 | | 2280 | |

**15** ➡ 방향의 수는 얼마씩 뛰어 센 것 일까요?

( )씩

**16** ☆에 알맞은 수는 무엇일까요?

( )

**17** 아래의 수 카드 **4**장을 한 번씩만 사용하여 만들 수 있는 네 자리 수 중에서 두 번째로 큰 수를 쓰세요.

5  8  2  0

( )

**18** 0부터 **9**까지의 수 중에서 빈칸에 들어갈 수 있는 숫자를 모두 쓰세요.

$$7486 > 7\boxed{\phantom{0}}52$$

(             )

**19** ⓘ00과 ⓘ000을 이용하여 **5000**을 나타내 보세요.

✎서술형
**20** 지율이의 일기장에 달린 자물쇠는 네 자리 비밀번호를 알아야 열 수 있습니다. 힌트를 보고 비밀번호를 맞혀 보세요.

**힌트**

- **1000**이 **5**개입니다.
- 백의 자리 숫자는 **2**보다 작은 홀수입니다.
- **3069**와 십의 자리 숫자가 똑같습니다.
- 일의 자리 숫자는 **7**보다 큰 짝수입니다.

풀이 _____

_____

_____

_____

답 _____

## 상상력 키우기

 여러분이 태어난 해는 몇 년도인가요?
수로 쓰고, 읽어 보세요.

 여러분이 좋아하는 과자는 무엇인가요?
마트에서 그 과자를 얼마에 팔고 있나요?

# 2 곱셈구구

구구단을
외자 ♪

이 단원에서 배울 내용

● 곱셈구구, 0과 어떤 수의 곱

1 2단 곱셈구구

2 5단 곱셈구구

3 3단 곱셈구구

4 6단 곱셈구구

5 4단 곱셈구구

6 8단 곱셈구구

7 7단 곱셈구구

8 9단 곱셈구구

9 1단 곱셈구구

10 0의 곱

11 곱셈표

# 1. 2단 곱셈구구

2
└ 2가 1번

$$2 \times 1 = 2$$

2 + 2 = 4
└ 2번 ┘

$$2 \times 2 = 4$$

2 + 2 + 2 = 6
└── 3번 ──┘

$$2 \times 3 = 6$$

2 + 2 + 2 + 2 = 8
└──── 4번 ────┘

$$2 \times 4 = 8$$

2 + 2 + 2 + 2 + 2 = 10
└───── 5번 ─────┘

$$2 \times 5 = 10$$

2 + 2 + 2 + 2 + 2 + 2 = 12
└────── 6번 ──────┘

$$2 \times 6 = 12$$

2 + 2 + 2 + 2 + 2 + 2 + 2 = 14
└─────── 7번 ───────┘

$$2 \times 7 = 14$$

2 + 2 + 2 + 2 + 2 + 2 + 2 + 2 = 16
└──────── 8번 ────────┘

$$2 \times 8 = 16$$

2 + 2 + 2 + 2 + 2 + 2 + 2 + 2 + 2 = 18
└───────── 9번 ─────────┘

$$2 \times 9 = 18$$

같은 수를 여러 번
**더하기**한 것이 **곱하기**야~

$$2 \times \blacksquare$$

🔍 뜻

$$2 + 2 + 2 + \cdots + 2$$
$$\underbrace{\qquad\qquad}_{\blacksquare 번}$$

🔊 읽기    2 곱하기 ■

- 2의 ■배
- 2와 ■의 곱

곱하기를
이렇게 말할 수도
있어!

## 개념 쏙쏙 2씩 커지는 2단 곱셈구구

소리 내어 읽어 봐!

| | |
|---|---|
| 이 일은 이 | $2 \times 1 = 2$ |
| 이 이는 사 | $2 \times 2 = 4$ |
| 이 삼은 육 | $2 \times 3 = 6$ |
| 이 사는 팔 | $2 \times 4 = 8$ |
| 이 오는 십 | $2 \times 5 = 10$ |
| 이 육은 십이 | $2 \times 6 = 12$ |
| 이 칠은 십사 | $2 \times 7 = 14$ |
| 이 팔은 십육 | $2 \times 8 = 16$ |
| 이 구는 십팔 | $2 \times 9 = 18$ |

2씩 커져요.

곱셈구구를 완전히 외울 수 있게 소리 내어 10번 넘게 읽어 보자!

여기가 1씩 커지는 건, **2**가 한 번씩 더 더해진다는 뜻이에요.

## 개념 익히기

정답 9쪽

그림에 어울리는 곱셈식을 완성하세요.

**1**

$2 \times \boxed{2} = 4$

**2**

$2 \times \boxed{\phantom{0}} = 6$

**3**

$2 \times \boxed{\phantom{0}} = 8$

2단 곱셈구구를 소리 내어 읽으며 빈칸을 알맞게 채우세요.

다 외웠지?
빈칸을 채워 보자~

$2 \times 1 = 2$

$2 \times 2 = 4$

$2 \times 3 = \boxed{\phantom{0}}$

$2 \times \boxed{\phantom{0}} = 8$

$2 \times 5 = \boxed{\phantom{0}}$

$2 \times 6 = \boxed{\phantom{0}}$

$2 \times \boxed{\phantom{0}} = 14$

$2 \times 8 = \boxed{\phantom{0}}$

$2 \times 9 = \boxed{\phantom{0}}$

$2 \times \boxed{9} = 18$

$2 \times \boxed{\phantom{0}} = 16$

$2 \times 7 = \boxed{\phantom{0}}$

$2 \times \boxed{\phantom{0}} = 12$

$2 \times \boxed{\phantom{0}} = 10$

$2 \times 4 = \boxed{\phantom{0}}$

$2 \times \boxed{\phantom{0}} = 6$

$2 \times 2 = \boxed{\phantom{0}}$

$2 \times \boxed{\phantom{0}} = 2$

## 개념 **펠치기**

정답 10쪽

개구리가 2씩 점프합니다. 그림을 보고 알맞은 덧셈식과
곱셈식을 쓰세요.

2씩 □번은 2×□ ➡

**1**

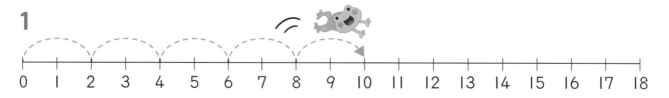

2씩 5번 점~프!

➡ 덧셈식 : $2 + 2 + 2 + 2 + 2 = 10$

➡ 곱셈식 : $2 \times 5 = 10$

**2**

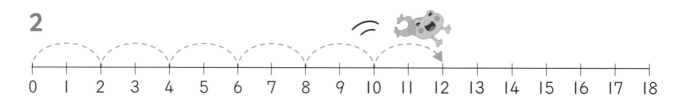

2씩 6번 점~프!

➡ 덧셈식 :

➡ 곱셈식 :

**3**

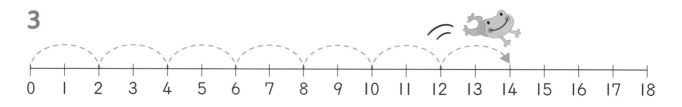

2씩 ☐ 번 점~프!

➡ 덧셈식 :

➡ 곱셈식 :

**4**

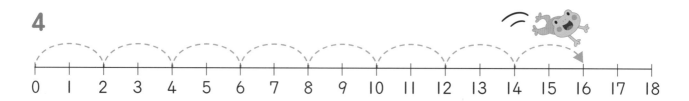

2씩 ☐ 번 점~프!

➡ 덧셈식 :

➡ 곱셈식 :

빈칸을 알맞게 채우세요.

**1**

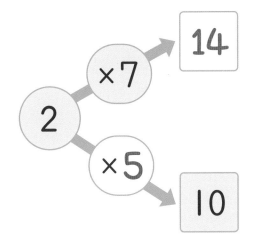

**2**

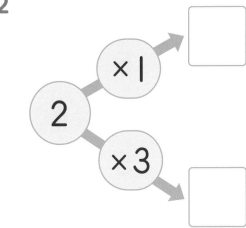

**3**

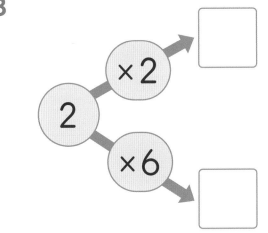

**4**

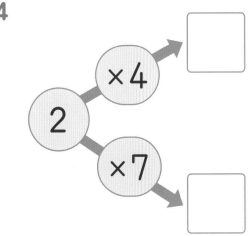

**5**

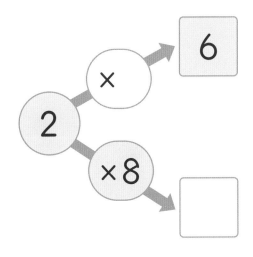

**6**

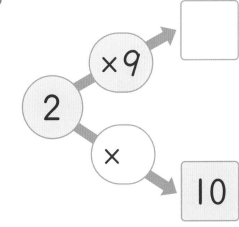

## 개념 쏙쏙 5씩 커지는 5단 곱셈구구

꽃잎이 5장씩 늘어나고 있네~

$5 \times 1 = 5$

$5 \times 2 = 10$

$5 \times 3 = 15$

$5 \times 4 = 20$

$5 \times 5 = 25$

$5 \times 6 = 30$

$5 \times 7 = 35$

$5 \times 8 = 40$

$5 \times 9 = 45$

일의 자리가 5→0이 반복돼요.

여기가 1씩 커지는 건, 5가 한 번씩 더 더해진다는 뜻이에요.

## 개념 익히기

정답 10쪽

나뭇잎의 수를 구하는 곱셈식을 완성하세요.

**1**

$5 \times \boxed{2} = 10$

**2**

$5 \times \boxed{\phantom{0}} = 5$

**3**

$5 \times \boxed{\phantom{0}} = 20$

## 개념 **다지기**

손가락의 수를 쓰세요.

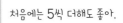 처음에는 5씩 더해도 좋아.

   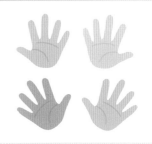

$5 \times 1 = \boxed{5}$    $5 \times 2 = \boxed{\phantom{0}}$    $5 \times 3 = \boxed{\phantom{0}}$    $5 \times 4 = \boxed{\phantom{0}}$

$5 \times 5 = \boxed{\phantom{0}}$    $5 \times 6 = \boxed{\phantom{0}}$    $5 \times 7 = \boxed{\phantom{0}}$

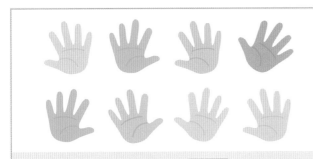 

$5 \times 8 = \boxed{\phantom{0}}$    $5 \times 9 = \boxed{\phantom{0}}$

곱셈표를 완성하세요.

| × | 1 | 2 | 3 | 4 | 5 | 6 | 7 | 8 | 9 |
|---|---|---|---|---|---|---|---|---|---|
| 5 | | | | | | | | | |

정답 11쪽

빈칸을 알맞게 채우세요.

 2단과 5단을 다시 확인해 보자.

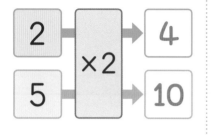

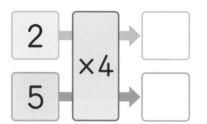

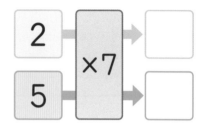

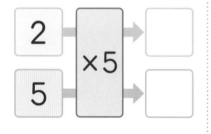

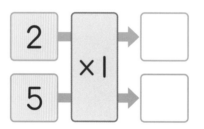

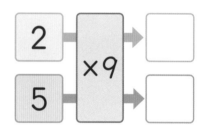

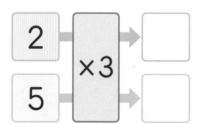

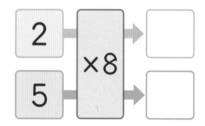

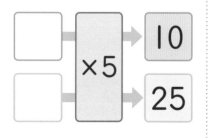

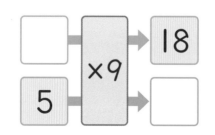

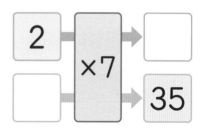

## 개념 펼치기

정답 11쪽

빈칸을 알맞게 채우세요.

2나 5에 어떤 수를
곱하는지 잘 봐~

$5 \times 2 = 10$
$+ \boxed{5}$
$5 \times 3 = \boxed{15}$

$5 \times 6 = 30$
$+ \boxed{\phantom{0}}$
$5 \times 7 = \boxed{\phantom{0}}$

$2 \times 4 = \boxed{\phantom{0}}$
$+ \boxed{\phantom{0}}$
$2 \times 5 = 10$

$2 \times 5 = \boxed{\phantom{0}}$
$+2$
$2 \times 6 = \boxed{\phantom{0}}$

$5 \times 3 = \boxed{\phantom{0}}$
$+ \boxed{\phantom{0}}$
$5 \times 4 = \boxed{\phantom{0}}$

$2 \times 7 = \boxed{\phantom{0}}$
$+ \boxed{\phantom{0}}$
$2 \times 8 = \boxed{\phantom{0}}$

$5 \times 7 = 35$
$+10$
$5 \times 9 = \boxed{\phantom{0}}$

$2 \times 2 = \boxed{\phantom{0}}$
$+ \boxed{\phantom{0}}$
$2 \times 4 = 8$

$5 \times 5 = \boxed{\phantom{0}}$
$+10$
$5 \times 7 = \boxed{\phantom{0}}$

$2 \times 3 = 6$
$+ \boxed{\phantom{0}}$
$2 \times 5 = \boxed{\phantom{0}}$

$5 \times 4 = \boxed{\phantom{0}}$
$+ \boxed{\phantom{0}}$
$5 \times 6 = \boxed{\phantom{0}}$

$2 \times 7 = \boxed{\phantom{0}}$
$+ \boxed{\phantom{0}}$
$2 \times 9 = \boxed{\phantom{0}}$

## 개념 쏙쏙 3씩 커지는 3단 곱셈구구

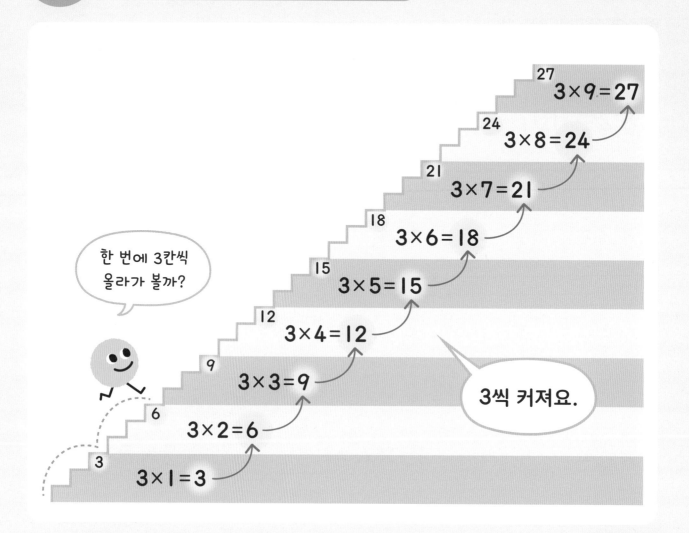

한 번에 3칸씩 올라가 볼까?

3 × 1 = 3
3 × 2 = 6
3 × 3 = 9
3 × 4 = 12
3 × 5 = 15
3 × 6 = 18
3 × 7 = 21
3 × 8 = 24
3 × 9 = 27

3씩 커져요.

## 개념 익히기

정답 11쪽

세발자전거의 바퀴 수를 보고, 빈칸을 알맞게 채우세요.

**1**

$3 \times 2 = \boxed{6}$

**2**

$3 \times 3 = \boxed{\phantom{0}}$

**3**

$3 \times 4 = \boxed{\phantom{0}}$

정답 11쪽

빈칸을 알맞게 채우세요.

3단도 완벽히 외워 두어야 해!

**1**

$3 \times 1 = 3$

$3 \times 2 = \boxed{\phantom{0}}$

$3 \times 3 = \boxed{\phantom{0}}$

**2**

$3 \times 4 = \boxed{\phantom{0}}$

$3 \times 5 = \boxed{\phantom{0}}$

$3 \times 6 = \boxed{\phantom{0}}$

**3**

$3 \times 7 = \boxed{\phantom{0}}$

$3 \times 8 = \boxed{\phantom{0}}$

$3 \times 9 = \boxed{\phantom{0}}$

**4**

$3 \times 3 = \boxed{\phantom{0}}$

$3 \times 7 = \boxed{\phantom{0}}$

$3 \times 2 = \boxed{\phantom{0}}$

**5**

$3 \times 5 = \boxed{\phantom{0}}$

$3 \times 8 = \boxed{\phantom{0}}$

$3 \times 1 = \boxed{\phantom{0}}$

**6**

$3 \times 6 = \boxed{\phantom{0}}$

$3 \times 4 = \boxed{\phantom{0}}$

$3 \times 9 = \boxed{\phantom{0}}$

**7**

$3 \times \boxed{\phantom{0}} = 12$

$3 \times 2 = \boxed{\phantom{0}}$

$3 \times \boxed{\phantom{0}} = 21$

**8**

$3 \times 1 = \boxed{\phantom{0}}$

$3 \times \boxed{\phantom{0}} = 15$

$3 \times \boxed{\phantom{0}} = 24$

올바른 곱셈식이 되도록 알맞은 길을 그리세요.

 3단을 소리 내어 외우면서 알맞은 길을 그려 봐~

**1**

3　×1　×2　3

**2**

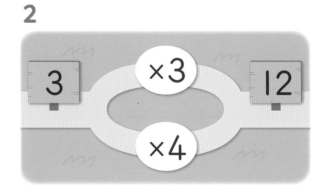

**3**

3　×5　×6　15

**4**

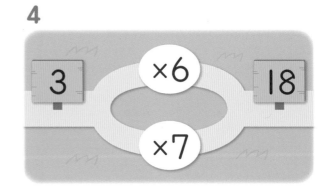

**5**

3　×2　×6　×3　9

**6**

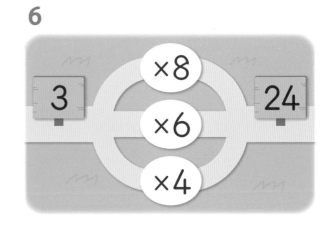

**7**

3　×4　×7　×8　21

**8**

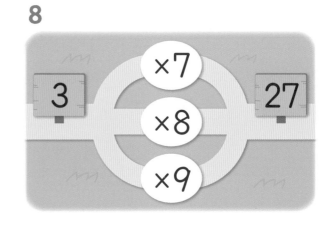

빈칸을 알맞게 채우세요.

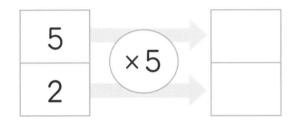

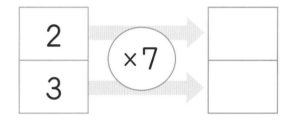

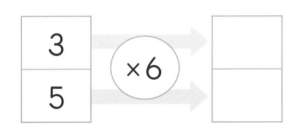

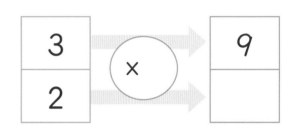

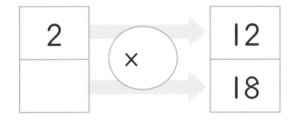

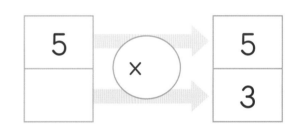

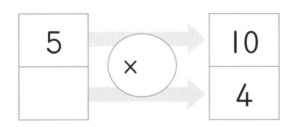

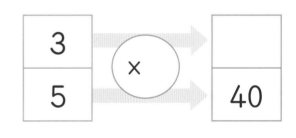

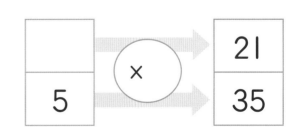

$6 \times 1 = 6$ ← 3개 / ← 3개

$6 \times 2 = 12$

$6 \times 3 = 18$

$6 \times 4 = 24$

$6 \times 5 = 30$

$6 \times 6 = 36$

$6 \times 7 = 42$

$6 \times 8 = 48$

$6 \times 9 = 54$

$6 \times 1 = 6 = 3 \times 2$

$6 \times 2 = 12 = 3 \times 4$

$6 \times 3 = 18 = 3 \times 6$

6단을 3단으로도
쓸 수 있구나~

## 개념 **익히기**

정답 12쪽

02-07

덧셈식을 곱셈식으로 쓰세요.

**1** $6+6+6+6=24$

➡ $6 \times \boxed{4} = 24$

**2** $6+6+6+6+6+6=36$

➡ $6 \times \boxed{\phantom{0}} = 36$

**3** $6+6+6=18$

➡ $6 \times \boxed{\phantom{0}} = 18$

## 개념 **다지기**

개미의 다리 수를 쓰세요.

 개미는 다리가 6개!

$6 \times 1 = \boxed{6}$

$6 \times 2 = \boxed{\phantom{0}}$

$6 \times 3 = \boxed{\phantom{0}}$

$6 \times 4 = \boxed{\phantom{0}}$

$6 \times 5 = \boxed{\phantom{0}}$

$6 \times 6 = \boxed{\phantom{0}}$

$6 \times 7 = \boxed{\phantom{0}}$

$6 \times 8 = \boxed{\phantom{0}}$

$6 \times 9 = \boxed{\phantom{0}}$

곱셈표를 완성하세요.

| × | 1 | 2 | 3 | 4 | 5 | 6 | 7 | 8 | 9 |
|---|---|---|---|---|---|---|---|---|---|
| 6 | | | | | | | | | |

2. 곱셈구구 **55**

6씩 뛰어 세기한 수를 순서대로 연결하고, 6단 곱셈구구를
완성하세요.

6단을 소리 내어 외우면서
순서대로 연결해 봐.

$6 \times 4 = \boxed{24}$　　　$6 \times 1 = \boxed{\phantom{0}}$　　　$6 \times 6 = \boxed{\phantom{0}}$

$6 \times 7 = \boxed{\phantom{0}}$　　　$6 \times 5 = \boxed{\phantom{0}}$　　　$6 \times 2 = \boxed{\phantom{0}}$

$6 \times 3 = \boxed{\phantom{0}}$　　　$6 \times 9 = \boxed{\phantom{0}}$　　　$6 \times 8 = \boxed{\phantom{0}}$

## 개념 **다지기**

캥거루는 6칸씩, 토끼는 3칸씩 점프합니다. 빈칸을 알맞게 채우세요.

3이 2개면 6이니까
6단을 3단으로 쓸 수 있어!

**1**

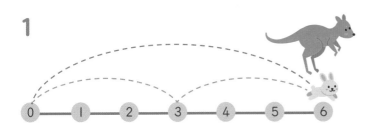

| 캥거루 | $6 \times \boxed{1} = \boxed{6}$ | 토끼 | $3 \times \boxed{2} = \boxed{6}$ |

**2**

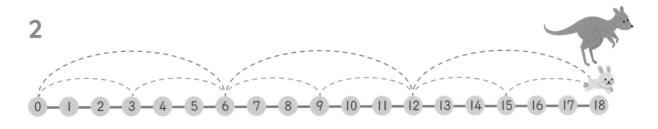

| 캥거루 | $6 \times \boxed{\phantom{0}} = \boxed{\phantom{0}}$ | 토끼 | $3 \times \boxed{\phantom{0}} = \boxed{\phantom{0}}$ |

**3**

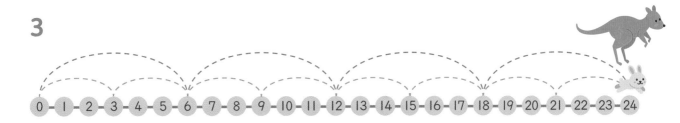

| 캥거루 | $6 \times \boxed{\phantom{0}} = \boxed{\phantom{0}}$ | 토끼 | $3 \times \boxed{\phantom{0}} = \boxed{\phantom{0}}$ |

**4**

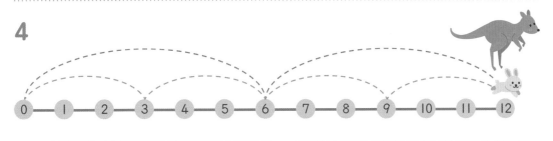

| 캥거루 | $6 \times \boxed{\phantom{0}} = \boxed{\phantom{0}}$ | 토끼 | $3 \times \boxed{\phantom{0}} = \boxed{\phantom{0}}$ |

# 개념 **펼치기**

정답 13쪽

빈칸을 알맞게 채우세요.

2단, 5단, 3단, 6단까지 다 외웠지?

**1**

6 ×3 → 18

2 ×3 → 6

5 ×3 → 15

**2**

3 ×4 →

6 ×4 →

2 ×4 →

**3**

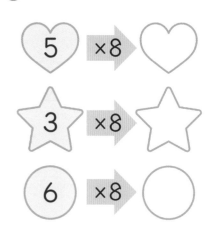

5 ×8 →

3 ×8 →

6 ×8 →

**4**

2 ×1 →

5 ×1 →

3 ×1 →

**5**

6 ×7 →

3 ×7 →

2 ×7 →

**6**

3 ×9 →

2 ×9 →

5 ×9 →

**7**

5 ×6 →

6 ×6 →

2 ×6 →

**8**

2 ×2 →

3 ×2 →

6 ×2 →

**9**

6 ×5 →

5 ×5 →

3 ×5 →

정답 13쪽

조건에 알맞은 수를 모두 찾아 색칠하세요.

곱셈구구 노래를 부르면서
순서대로 수를 찾아봐~

**1**

### 3단 곱셈구구의 값

| 12 | 16 | 8 | 29 | 18 |
|----|----|----|----|----|
| 5 | 24 | 13 | 27 | 7 |
| 1 | 23 | ~~3~~ | 11 | 14 |
| 17 | 15 | 10 | 9 | 25 |
| ~~6~~ | 4 | 19 | 2 | 21 |

**2**

### 2단 곱셈구구의 값

| 7 | 15 | 1 | 13 | 17 |
|----|----|----|----|----|
| 10 | 11 | 9 | 7 | 4 |
| 14 | 2 | 16 | 8 | 12 |
| 6 | 5 | 17 | 1 | 18 |
| 9 | 13 | 3 | 11 | 5 |

**3**

### 5단 곱셈구구의 값

| 23 | 31 | 45 | 19 | 4 |
|----|----|----|----|----|
| 46 | 8 | 20 | 22 | 32 |
| 10 | 35 | 40 | 5 | 25 |
| 6 | 16 | 30 | 18 | 9 |
| 28 | 39 | 15 | 7 | 43 |

**4**

### 6단 곱셈구구의 값

| 10 | 44 | 32 | 20 | 18 |
|----|----|----|----|----|
| 26 | 50 | 46 | 28 | 36 |
| 42 | 54 | 24 | 6 | 48 |
| 12 | 38 | 14 | 21 | 34 |
| 30 | 22 | 40 | 8 | 52 |

## 개념 쏙쏙 · 4씩 커지는 4단 곱셈구구

$4 × 1 = 4$   ← 2개 ← 2개

$4 × 2 = 8$

$4 × 3 = 12$

$4 × 4 = 16$

$4 × 5 = 20$

$4 × 6 = 24$

$4 × 7 = 28$

$4 × 8 = 32$

$4 × 9 = 36$

$4 × 1 = 4 = 2 × 2$

$4 × 2 = 8 = 2 × 4$

$4 × 3 = 12 = 2 × 6$

$4 × 4 = 16 = 2 × 8$

4단은 2단으로도 쓸 수 있구나~

4씩 커집니다.

## 개념 익히기

정답 14쪽

네잎클로버의 잎의 수를 구하는 곱셈식을 완성하세요.

**1**

$4 × \boxed{2} = 8$

**2**

$4 × \boxed{\phantom{0}} = 12$

**3**

$4 × \boxed{\phantom{0}} = 16$

단추를 4개씩 묶어 보고, 단추의 개수를 곱셈식으로 쓰세요.

4개씩 □개는
4×□

**1**

$4 \times \boxed{2} = \boxed{8}$

**2**

$4 \times \boxed{\phantom{0}} = \boxed{\phantom{0}}$

**3**

$4 \times \boxed{\phantom{0}} = \boxed{\phantom{0}}$

**4**

$4 \times \boxed{\phantom{0}} = \boxed{\phantom{0}}$

**5**

$4 \times \boxed{\phantom{0}} = \boxed{\phantom{0}}$

**6**

$4 \times \boxed{\phantom{0}} = \boxed{\phantom{0}}$

**7**

$4 \times \boxed{\phantom{0}} = \boxed{\phantom{0}}$

**8**

$4 \times \boxed{\phantom{0}} = \boxed{\phantom{0}}$

**9**

$4 \times \boxed{\phantom{0}} = \boxed{\phantom{0}}$

빈칸을 알맞게 채우세요.

**1**

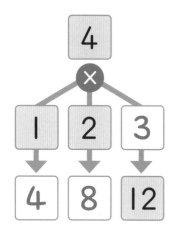

**2**

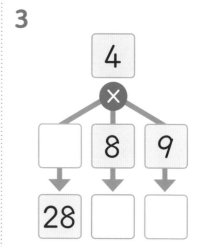

**4**

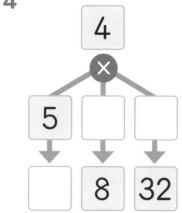

**5**

**6**

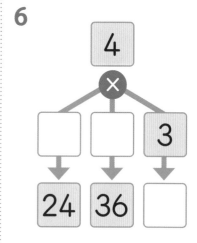

**7**

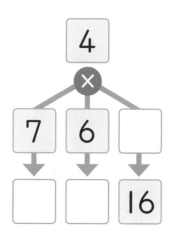

**8**

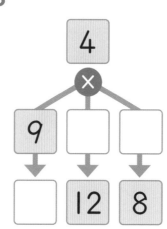

**9**

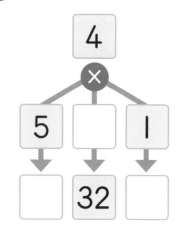

두 발레리나가 4칸, 2칸씩 점프합니다. 그림을 보고 빈칸을
알맞게 채우세요.

4는 2가 2번!
그래서 4단은 2단으로 쓸 수 있어.

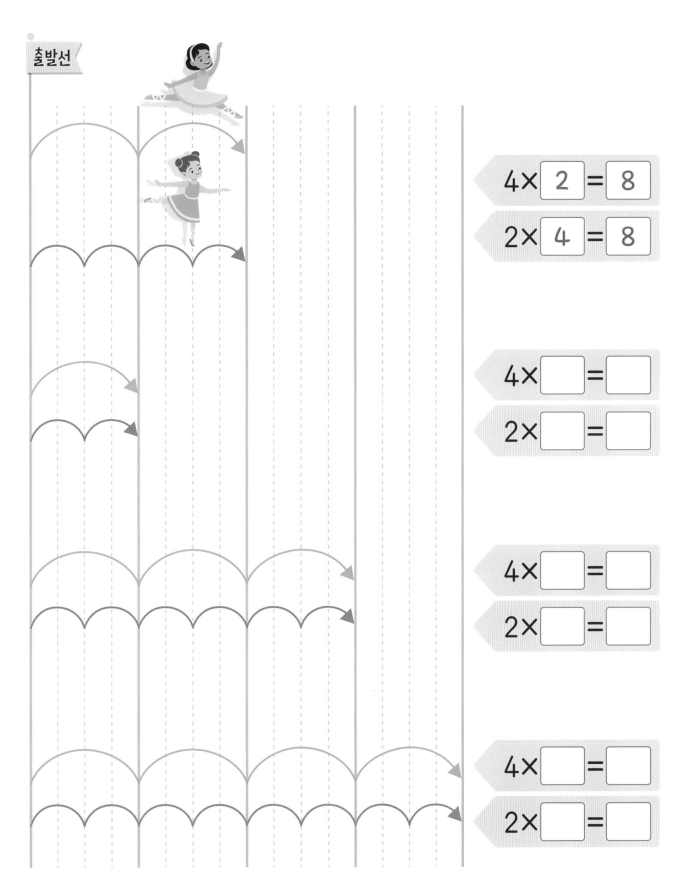

$4 \times \boxed{2} = \boxed{8}$

$2 \times \boxed{4} = \boxed{8}$

$4 \times \boxed{\phantom{0}} = \boxed{\phantom{0}}$

$2 \times \boxed{\phantom{0}} = \boxed{\phantom{0}}$

$4 \times \boxed{\phantom{0}} = \boxed{\phantom{0}}$

$2 \times \boxed{\phantom{0}} = \boxed{\phantom{0}}$

$4 \times \boxed{\phantom{0}} = \boxed{\phantom{0}}$

$2 \times \boxed{\phantom{0}} = \boxed{\phantom{0}}$

출발선

## 개념 쏙쏙 — 8씩 커지는 8단 곱셈구구

 $8 \times 1 = 8$

$8 \times 2 = 16$

$8 \times 3 = 24$

$8 \times 4 = 32$

$8 \times 5 = 40$

$8 \times 6 = 48$

$8 \times 7 = 56$

$8 \times 8 = 64$

$8 \times 9 = 72$

거미가 한 마리 늘어날 때마다 거미 다리는 8개씩 많아집니다.

## 개념 익히기

정답 15쪽

문장을 곱셈식으로 쓰세요.

**1** 8의 3배는 24입니다.

➡ $8 \times 3 = 24$

**2** 8의 5배는 40입니다.

➡

**3** 8의 6배는 48입니다.

➡

정답 15쪽

구멍 난 곳에 들어갈 수를 쓰세요.

8단도 다 외웠지?

$8 \times 1 = (8)$

$8 \times 2 = (16)$

$8 \times 3 = (\quad)$

$8 \times 4 = (\quad)$

$8 \times 5 = (\quad)$

$8 \times 6 = (\quad)$

$8 \times 7 = (\quad)$

$8 \times 8 = (\quad)$

$8 \times 9 = (\quad)$

$8 \times (\quad) = 56$

$8 \times 4 = (\quad)$

$8 \times (\quad) = 48$

$8 \times (\quad) = 8$

$8 \times 2 = (\quad)$

$8 \times 3 = (\quad)$

$8 \times (\quad) = 32$

$8 \times 5 = (\quad)$

$8 \times (\quad) = 48$

$8 \times 7 = (\quad)$

$8 \times (\quad) = 64$

$8 \times (\quad) = 56$

$8 \times 4 = (\quad)$

$8 \times (\quad) = 72$

$8 \times 6 = (\quad)$

$8 \times (\quad) = 40$

$8 \times 8 = (\quad)$

$8 \times (\quad) = 8$

$8 \times (\quad) = 32$

$8 \times 2 = (\quad)$

$8 \times (\quad) = 24$

$8 \times 7 = (\quad)$

$8 \times 9 = (\quad)$

$3 \times (\quad) = 18$

$4 \times 9 = (\quad)$

$8 \times (\quad) = 16$

$6 \times 6 = (\quad)$

알맞은 곱셈식을 쓰세요.

8이 □번 있으면
8×□

**1**

문어는 다리가 **8**개입니다. 문어가 **3**마리 있다면, 문어의 다리 수를 구하는 곱셈식은 무엇일까요?

(     $8 \times 3 = 24$     )

**2**

코스모스는 꽃잎이 **8**장입니다. 코스모스가 **6**송이 있다면, 코스모스의 꽃잎 수를 구하는 곱셈식은 무엇일까요?

(                   )

**3**

한 번에 머핀 **8**개를 만들 수 있는 머핀 틀이 있습니다. 이 머핀 틀이 **5**개 있다면, 한 번에 만들 수 있는 머핀 개수를 구하는 곱셈식은 무엇일까요?

(                   )

**4**

피자 한 판을 주문하면 **8**조각으로 잘라서 줍니다. 피자 **7**판의 조각 수를 구하는 곱셈식은 무엇일까요?

(                   )

애벌레의 다리 수를 2개씩, 4개씩, 8개씩 세어 보고, 곱셈식으로 쓰세요.

2개씩, 4개씩, 8개씩 세어 봐.

**1**

$2 \times \boxed{2} = \boxed{4}$

$4 \times \boxed{\phantom{0}} = \boxed{\phantom{0}}$

**2**

$2 \times \boxed{\phantom{0}} = \boxed{\phantom{0}}$

$4 \times \boxed{\phantom{0}} = \boxed{\phantom{0}}$

$8 \times \boxed{\phantom{0}} = \boxed{\phantom{0}}$

**3**

$2 \times \boxed{\phantom{0}} = \boxed{\phantom{0}}$

$4 \times \boxed{\phantom{0}} = \boxed{\phantom{0}}$

$8 \times \boxed{\phantom{0}} = \boxed{\phantom{0}}$

$$7 = 7$$ · · · · · · · · · · · · · · · · · · · · $$7 \times 1 = 7$$
└1번┘

$$7 + 7 = 14$$ · · · · · · · · · · · · · · · · · · · $$7 \times 2 = 14$$
└ 2번 ┘

$$7 + 7 + 7 = 21$$ · · · · · · · · · · · · · · · $$7 \times 3 = 21$$
└─ 3번 ─┘

$$7 + 7 + 7 + 7 = 28$$ · · · · · · · · · · · $$7 \times 4 = 28$$
└── 4번 ──┘

$$7 + 7 + 7 + 7 + 7 = 35$$ · · · · · · · · · $$7 \times 5 = 35$$
└─── 5번 ───┘

$$7 + 7 + 7 + 7 + 7 + 7 = 42$$ · · · · · · $$7 \times 6 = 42$$
└──── 6번 ────┘

$$7 + 7 + 7 + 7 + 7 + 7 + 7 = 49$$ · · · · · $$7 \times 7 = 49$$
└───── 7번 ─────┘

$$7 + 7 + 7 + 7 + 7 + 7 + 7 + 7 = 56$$ · · · · $$7 \times 8 = 56$$
└────── 8번 ──────┘

$$7 + 7 + 7 + 7 + 7 + 7 + 7 + 7 + 7 = 63$$ · · · · · $$7 \times 9 = 63$$
└─────── 9번 ───────┘

## 개념 **익히기**

정답 16쪽

02-14

덧셈식을 곱셈식으로 쓰세요.

**1** $$7 + 7 + 7 + 7 + 7 = 35$$

➡ $$7 \times 5 = 35$$

**2** $$7 + 7 + 7 = 21$$

➡

**3** $$7 + 7 + 7 + 7 = 28$$

➡

정답 16쪽

사인펜의 수를 쓰세요.

7씩 더하면서
빈칸을 채워도 좋아.

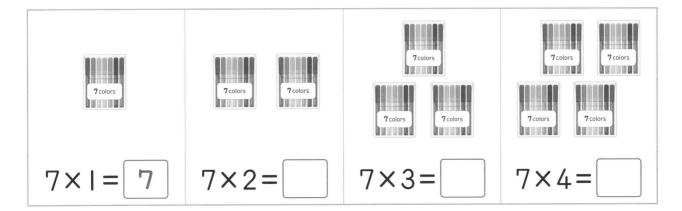

$7 \times 1 = \boxed{7}$   $7 \times 2 = \boxed{\phantom{0}}$   $7 \times 3 = \boxed{\phantom{0}}$   $7 \times 4 = \boxed{\phantom{0}}$

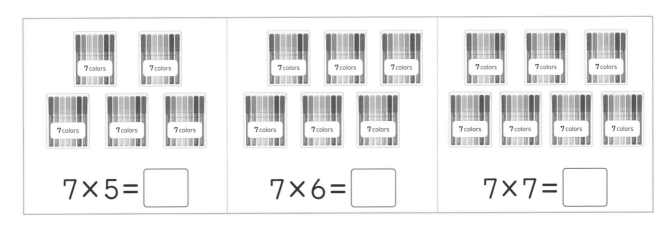

$7 \times 5 = \boxed{\phantom{0}}$   $7 \times 6 = \boxed{\phantom{0}}$   $7 \times 7 = \boxed{\phantom{0}}$

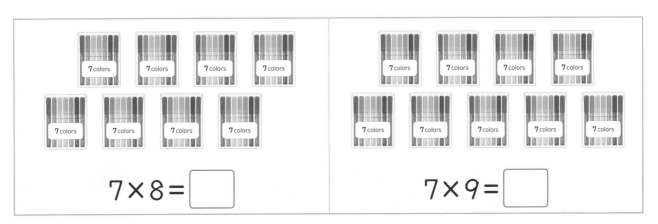

$7 \times 8 = \boxed{\phantom{0}}$   $7 \times 9 = \boxed{\phantom{0}}$

곱셈표를 완성하세요.

| × | 1 | 2 | 3 | 4 | 5 | 6 | 7 | 8 | 9 |
|---|---|---|---|---|---|---|---|---|---|
| 7 |   |   |   |   |   |   |   |   |   |

관계있는 것끼리 선으로 이으세요.

7단은 좀 어렵지?
그래도 확실히 외워 두어야 해.

| 7 × 1 | | 42 |
| 7 × 3 | | 7 |
| 7 × 6 | | 21 |
| 7 × 2 | | 63 |
| 7 × 9 | | 56 |
| 7 × 4 | | 14 |
| 7 × 8 | | 28 |
| 7 × 5 | | 49 |
| 7 × 7 | | 35 |

7단 곱셈구구를 차례대로 썼습니다. 틀린 곳 1군데를 찾아
바르게 고치세요.

7단을 소리 내어 외우면서
틀린 곳을 찾아봐.

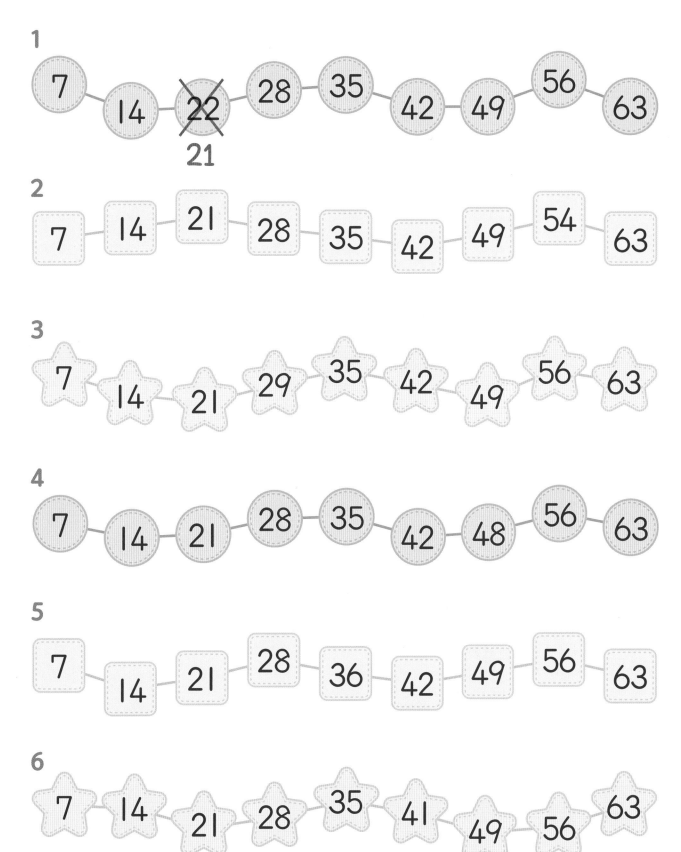

**1**

7 14 2̶2̶ 28 35 42 49 56 63

21

**2**

7 14 21 28 35 42 49 54 63

**3**

7 14 21 29 35 42 49 56 63

**4**

7 14 21 28 35 42 48 56 63

**5**

7 14 21 28 36 42 49 56 63

**6**

7 14 21 28 35 41 49 56 63

# 9씩 커지는 9단 곱셈구구

$9 \times 1 = 9$

$9 \times 2 = 18$

$9 \times 3 = 27$

$9 \times 4 = 36$

$9 \times 5 = 45$

$9 \times 6 = 54$

$9 \times 7 = 63$

$9 \times 8 = 72$

$9 \times 9 = 81$

## 9단 곱셈구구를 기억하는 방법

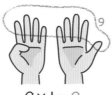  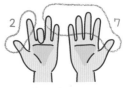

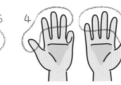 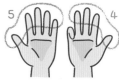

일의 자리 숫자는 1씩 작아지고
십의 자리 숫자는 1씩 커지네~

## 개념 익히기

정답 17쪽

덧셈식을 곱셈식으로 쓰세요.

1 $9 + 9 + 9 = 27$

➡ $9 \times 3 = 27$

2 $9 + 9 + 9 + 9 + 9 + 9 + 9 = 63$

➡

3 $9 + 9 + 9 + 9 + 9 = 45$

➡

초콜릿의 수를 쓰세요.

9단은 9씩 커지는 거지~

| | | | |
|---|---|---|---|
| 9×1= 9 | 9×2= | 9×3= | 9×4= |

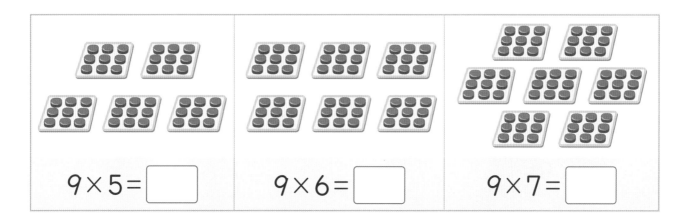

9×5=  9×6=  9×7=

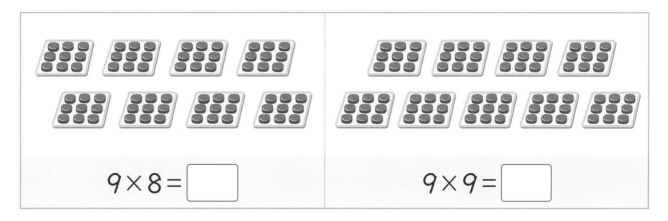

9×8=  9×9=

곱셈표를 완성하세요.

| × | l | 2 | 3 | 4 | 5 | 6 | 7 | 8 | 9 |
|---|---|---|---|---|---|---|---|---|---|
| 9 | | | | | | | | | |

## 개념 다지기

빈칸을 알맞게 채우세요.

9단까지 확실히 외웠는지 확인해 보자.

**1**

$9 \times 1 = \boxed{9}$

$9 \times 2 = \boxed{\phantom{0}}$

$9 \times 3 = \boxed{\phantom{0}}$

$9 \times 4 = \boxed{\phantom{0}}$

$9 \times 5 = \boxed{\phantom{0}}$

$9 \times 6 = \boxed{\phantom{0}}$

$9 \times 7 = \boxed{\phantom{0}}$

$9 \times 8 = \boxed{\phantom{0}}$

$9 \times 9 = \boxed{\phantom{0}}$

**2**

$7 \times 5 = \boxed{\phantom{0}}$

$7 \times 7 = \boxed{\phantom{0}}$

$7 \times 1 = \boxed{\phantom{0}}$

$7 \times 3 = \boxed{\phantom{0}}$

$7 \times 8 = \boxed{\phantom{0}}$

$7 \times 9 = \boxed{\phantom{0}}$

$7 \times 4 = \boxed{\phantom{0}}$

$7 \times 2 = \boxed{\phantom{0}}$

$7 \times 6 = \boxed{\phantom{0}}$

**3**

$9 \times 9 = \boxed{\phantom{0}}$

$9 \times 8 = \boxed{\phantom{0}}$

$9 \times 7 = \boxed{\phantom{0}}$

$9 \times 6 = \boxed{\phantom{0}}$

$9 \times 5 = \boxed{\phantom{0}}$

$9 \times 4 = \boxed{\phantom{0}}$

$9 \times 3 = \boxed{\phantom{0}}$

$9 \times 2 = \boxed{\phantom{0}}$

$9 \times 1 = \boxed{\phantom{0}}$

**4**

$6 \times 8 = \boxed{\phantom{0}}$

$4 \times 4 = \boxed{\phantom{0}}$

$5 \times 2 = \boxed{\phantom{0}}$

$3 \times 8 = \boxed{\phantom{0}}$

$8 \times 4 = \boxed{\phantom{0}}$

$6 \times 5 = \boxed{\phantom{0}}$

$2 \times 4 = \boxed{\phantom{0}}$

$4 \times 6 = \boxed{\phantom{0}}$

$3 \times 6 = \boxed{\phantom{0}}$

주어진 수 카드를 한 번씩만 사용하여 빈칸을 알맞게 채우세요.

 9와 곱하는 수에 카드를 하나씩 넣어 봐~

**1**

$9 \times \boxed{3} = \boxed{2}\ \boxed{7}$

**2**

$9 \times \boxed{\phantom{0}} = \boxed{\phantom{0}}\ \boxed{\phantom{0}}$

**3**

$9 \times \boxed{\phantom{0}} = \boxed{\phantom{0}}\ \boxed{\phantom{0}}$

**4**

$9 \times \boxed{\phantom{0}} = \boxed{\phantom{0}}\ \boxed{\phantom{0}}$

**5**

$9 \times \boxed{\phantom{0}} = \boxed{\phantom{0}}\ \boxed{\phantom{0}}$

**6**

$9 \times \boxed{\phantom{0}} = \boxed{\phantom{0}}\ \boxed{\phantom{0}}$

**7**

$9 \times \boxed{\phantom{0}} = \boxed{\phantom{0}}\ \boxed{\phantom{0}}$

**8**

$9 \times \boxed{\phantom{0}} = \boxed{\phantom{0}}\ \boxed{\phantom{0}}$

**개념 쏙쏙** **1씩 커지는 1단 곱셈구구**

⭐ **곱셈식은 덧셈식으로 쓸 수 있어요.**

$$2 \times 4 = 2 + 2 + 2 + 2$$

2를 4번 더한다는 뜻

⭐ **1을 여러 번 더하는 것은?**

➡ 1단 곱셈구구!

$$7 = 1 + 1 + 1 + 1 + 1 + 1 + 1$$

1을 7번 더하기

⭐ $1 \times \heartsuit = \heartsuit$

예 $1 \times 358 = 358$

| | |
|---|---|
| $1 \times 1 = 1$ | |
| $1 \times 2 = 2$ | |
| $1 \times 3 = 3$ | |
| $1 \times 4 = 4$ | |
| $1 \times 5 = 5$ | |
| $1 \times 6 = 6$ | |
| $1 \times 7 = 7$ | |
| $1 \times 8 = 8$ | |
| $1 \times 9 = 9$ | |

**개념 익히기**

정답 19쪽

꽃병에 꽂혀있는 꽃의 수를 구하는 곱셈식을 완성하세요.

**1**

$$1 \times \boxed{1} = \boxed{1}$$

**2**

$$1 \times \boxed{\phantom{0}} = \boxed{\phantom{0}}$$

**3**

$$1 \times \boxed{\phantom{0}} = \boxed{\phantom{0}}$$

곱셈표를 완성하세요.

**1**

| × | 1 | 2 | 3 | 4 | 5 | 6 | 7 | 8 | 9 |
|---|---|---|---|---|---|---|---|---|---|
| 1 | 1 | | | | | | | | |

**2**

| × | 10 | 20 | 30 | 40 | 50 | 60 | 70 | 80 | 90 |
|---|----|----|----|----|----|----|----|----|----|
| 1 | | | | | | | | | |

**3**

| × | 1 | 2 | 3 | 4 | 5 | 6 | 7 | 8 | 9 |
|---|---|---|---|---|---|---|---|---|---|
| 9 | | | | | | | | | |

**4**

| × | 1 | 2 | 3 | 4 | 5 | 6 | 7 | 8 | 9 |
|---|---|---|---|---|---|---|---|---|---|
| 8 | | | | | | | | | |

**5**

| × | 1 | 2 | 3 | 4 | 5 | 6 | 7 | 8 | 9 |
|---|---|---|---|---|---|---|---|---|---|
| 7 | | | | | | | | | |

## 개념 쏙쏙 **0과 곱하면 항상 0**

$0 \times 1 = 0$

$0 \times 2 = 0$

$0 \times 3 = 0$

$0 \times 4 = 0$

$0 \times 5 = 0$

$0 \times 6 = 0$

$0 \times 7 = 0$

$0 \times 8 = 0$

$0 \times 9 = 0$

0은 아무리 여러 번 더해도 0이야!

$$0 \times 3 = 0 + 0 + 0 = 0$$
0을 3번 +

⭐ 아무리 큰 수라도 0과 곱하면 0이에요.

예 $0 \times 100 = 0$

## 개념 **익히기**

정답 20쪽

빈칸을 알맞게 채우세요.

**1**

$0 \times 8 = \boxed{0}$

**2**

$0 \times 59 = \boxed{\phantom{0}}$

**3**

$0 \times 7042 = \boxed{\phantom{0}}$

# 개념 **다지기**

다트 던지기 점수를 계산하려고 합니다. 표의 빈칸을 알맞게
채우고, 총 점수를 쓰세요.

0과 곱하면
무조건 0이었지!

## 1

| 다트 판에 적힌 점수 | 0점 | 1점 | 2점 |
|---|---|---|---|
| 맞힌 다트 수 | 2개 | 0개 | 1개 |
| 점수(점) | 0×2= 0 | 1×0= 0 | 2×1= 2 |

➡ 총 점수: 2 점

## 2

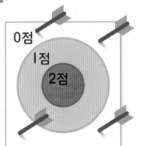

| 다트 판에 적힌 점수 | 0점 | 1점 | 2점 |
|---|---|---|---|
| 맞힌 다트 수 | 4개 | 0개 | 0개 |
| 점수(점) | 0× ⬜ = ⬜ | 1× ⬜ = ⬜ | 2× ⬜ = ⬜ |

➡ 총 점수: ⬜ 점

## 3

| 다트 판에 적힌 점수 | 0점 | 1점 | 2점 |
|---|---|---|---|
| 맞힌 다트 수 | 1개 | 3개 | 0개 |
| 점수(점) | 0× ⬜ = ⬜ | 1× ⬜ = ⬜ | 2× ⬜ = ⬜ |

➡ 총 점수: ⬜ 점

## 4

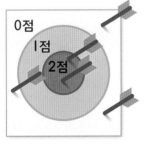

| 다트 판에 적힌 점수 | 0점 | 1점 | 2점 |
|---|---|---|---|
| 맞힌 다트 수 | ⬜개 | ⬜개 | ⬜개 |
| 점수(점) | 0× ⬜ = ⬜ | 1× ⬜ = ⬜ | 2× ⬜ = ⬜ |

➡ 총 점수: ⬜ 점

# 개념 쏙쏙 곱셈표 만들기

| × | 1 | 2 | 3 | 4 | 5 | 6 | 7 | 8 | 9 |
|---|---|---|---|---|---|---|---|---|---|
| 1 | 1 | | | | 5 | | | 8 | |
| 2 | | | 6 | | 10 | | | | |
| 3 | | 6 | 9 | | | | 21 | 24 | 27 |
| 4 | | 8 | 12 | | 24 | | 32 | | |
| 5 | | | 15 | | | | | | |
| 6 | | 12 | 18 | | | 36 | | | |
| 7 | 7 | | | 28 | | | | | |
| 8 | | 16 | | | | | 56 | | 72 |
| 9 | | 18 | 27 | | | 54 | | | |

2×3은 3×2와 똑같구나~

점선을 따라 곱셈표를 반으로 접으면 같은 수끼리 겹쳐지네~

## 개념 익히기

정답 20쪽

위의 곱셈표를 완성하고, 물음에 답하세요.

**1** 2씩 커지는 곱셈구구는 몇 단일까요?

➡ 2단

**2** 3단 곱셈구구는 곱이 얼마씩 커질까요?

➡

**3** 곱이 짝수로만 나오는 곱셈구구는 몇 단일까요?

➡

## 개념 **다지기**

왼쪽의 곱셈표를 보고 물음에 답하세요.

$□×△=△×□$

**1** 곱이 **48**인 곱셈구구를 모두 찾아 쓰세요.

(     6×8, 8×6     )

**2** **5**단 곱셈구구의 수는 일의 자리 숫자가 ☐ , ☐ 만 반복됩니다.

**3** 곱이 **16**인 곱셈구구를 모두 찾아 쓰세요.

(     )

**4** **3×8**과 곱이 같은 곱셈구구를 모두 찾아 쓰세요.

(     )

**5** 설명에 알맞은 수를 찾아 쓰세요.

> • **7**단 곱셈구구의 수입니다.
> • 홀수입니다.
> • 십의 자리 숫자는 **40**을 나타냅니다.

(     )

**6** 설명에 알맞은 수를 찾아 쓰세요.

> • **9**단 곱셈구구의 수입니다.
> • 짝수입니다.
> • 십의 자리 숫자는 **50**을 나타냅니다.

(     )

## 개념 펼치기

정답 21쪽

식을 세우고 물음에 답하세요.

무엇과 무엇을 곱해야 하는지
문장을 잘 읽어 봐~

**1**

서윤이네 반 학생들이 **2**명씩 짝 지어 모둠을 만들었더니, **7**모둠이 되었습니다. 서윤이네 반 학생들은 모두 몇 명일까요?

 식 __2×7=14__  답 __14__ 명

**2**

책꽂이 한 칸에 책을 **5**권씩 꽂았더니 **6**칸이 찼습니다. 책은 모두 몇 권일까요?

 식 _____  답 _____ 권

**3**

한 봉지에 **7**개씩 들어있는 젤리를 **8**봉지 샀습니다. 젤리는 모두 몇 개일까요?

 식 _____  답 _____ 개

**4**

재희네 모둠은 **4**명이고, 모두 **9**살입니다. 재희네 모둠원의 나이를 모두 합하면 몇 살일까요?

 식 _____  답 _____ 살

2가지 방법으로 개수를 구하세요.

곱셈부터 한 다음에
더하거나 빼기!

## 1

─ 방법 ① ─

$\boxed{2} \times \boxed{3}$ 과 $\boxed{5} \times \boxed{2}$ 로

나누어서 생각하기

➡ $\boxed{\phantom{0}}$ 개

─ 방법 ② ─

$\boxed{7} \times \boxed{3}$ 에서 $\boxed{5}$ 개가

빠졌다고 생각하기

➡ $\boxed{\phantom{0}}$ 개

## 2

─ 방법 ① ─

$\boxed{\phantom{0}} \times \boxed{\phantom{0}}$ 와 $\boxed{\phantom{0}} \times \boxed{\phantom{0}}$ 로

나누어서 생각하기

➡ $\boxed{\phantom{0}}$ 개

─ 방법 ② ─

$\boxed{\phantom{0}} \times \boxed{\phantom{0}}$ 에서 $\boxed{\phantom{0}}$ 개가

빠졌다고 생각하기

➡ $\boxed{\phantom{0}}$ 개

## 3

─ 방법 ① ─

$\boxed{\phantom{0}} \times \boxed{\phantom{0}}$ 와 $\boxed{\phantom{0}} \times \boxed{\phantom{0}}$ 로

나누어서 생각하기

➡ $\boxed{\phantom{0}}$ 개

─ 방법 ② ─

$\boxed{\phantom{0}} \times \boxed{\phantom{0}}$ 에서 $\boxed{\phantom{0}}$ 개가

빠졌다고 생각하기

➡ $\boxed{\phantom{0}}$ 개

**1** 그림을 보고 빈칸을 알맞게 채우세요.

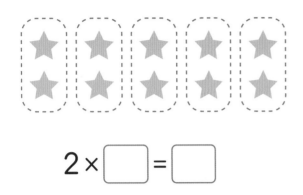

$$2 \times \boxed{\phantom{0}} = \boxed{\phantom{0}}$$

**2** 덧셈식을 곱셈식으로 쓰세요.

$$4+4+4+4+4+4 = 24$$

➡ _____

**3** ♥에 공통으로 들어갈 수를 쓰세요.

$$7 \times ♥ = 7 \qquad ♥ \times 5 = 5$$

(                    )

**4** 6단 곱셈구구의 수를 따라 순서대로 선을 그어 미로를 탈출하세요.

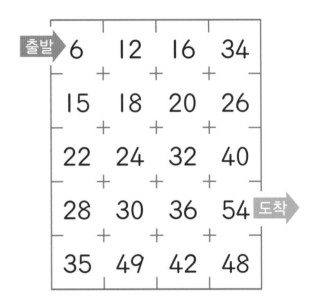

**5** ♥가 모두 몇 개인지 알아보려고 합니다. 올바른 방법을 모두 찾아 기호를 쓰세요.

┌────────────────────────────┐
│ ㉠ 4×4로 구합니다. │
│ ㉡ 2씩 8번 더해서 구합니다. │
│ ㉢ 8씩 3묶음으로 구합니다. │
│ ㉣ 4씩 4번 더해서 구합니다. │
└────────────────────────────┘

(                    )

**6** 곱의 크기를 비교해 ◯ 안에 >, < 를 알맞게 쓰세요.

$$7 \times 8 \quad \bigcirc \quad 9 \times 6$$

**7** 전체 젤리의 수를 구하는 곱셈식을 **2**개 쓰세요.

$9 \times \boxed{\phantom{0}} = \boxed{\phantom{0}}$

$2 \times \boxed{\phantom{0}} = \boxed{\phantom{0}}$

**8** 수 카드 **3**장 중에서 가장 큰 수와 가장 작은 수의 곱을 쓰세요.

(       )

**9** 빈칸을 알맞게 채우세요.

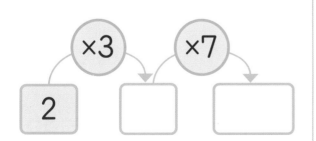

**10** 곱이 같은 것끼리 선으로 이으세요.

| $1 \times 9$ · | · $4 \times 3$ |
| $8 \times 3$ · | · $3 \times 3$ |
| $2 \times 6$ · | · $4 \times 6$ |

**11** 곱이 **30**보다 큰 곱셈식을 모두 찾아 기호를 쓰세요.

㉠ $4 \times 7$     ㉡ $8 \times 4$

㉢ $9 \times 3$     ㉣ $7 \times 5$

(       )

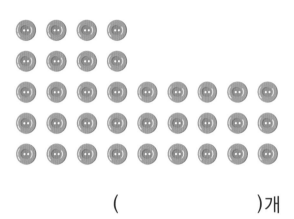

## 개념 마무리

**12** 곱셈구구를 이용하여 단추의 개수를 구하세요.

( 　　　　 )개

**13** 두 곱셈식의 곱이 같을 때, ●에 들어 갈 수를 쓰세요.

| 3 × 8 |

| 6 × ● |

( 　　　　　　 )

**[14-16]** 곱셈표를 보고 물음에 답하세요.

| × | 4 | 5 | 6 | 7 | 8 | 9 |
|---|---|---|---|---|---|---|
| 4 | 16 | 20 | 24 | 28 | 32 | 36 |
| 5 | 20 | 25 | 30 | 35 | | 45 |
| 6 | 24 | 30 | | | | 54 |
| 7 | 28 | 35 | | | 56 | 63 |
| 8 | 32 | | 48 | 56 | | 72 |
| 9 | | 45 | | 63 | 72 | 81 |

**14** 빈칸을 알맞게 채워 곱셈표를 완성하세요.

**15** ☐ 안의 수들은 어떤 규칙이 있는지 쓰세요.

규칙: 아래로 내려갈수록 ☐ 씩 커집니다.

**16** 곱셈표에서 곱이 **36**인 곱셈식을 모두 찾아 쓰세요.

☐ × ☐ = 36

☐ × ☐ = 36

☐ × ☐ = 36

**17** 예지의 나이는 **9**살이고, 예지의 어머니의 나이는 예지 나이의 **5**배입니다. 어머니의 나이는 몇 살일까요?

식 _____

답 _____ 살

**18** 설명에 알맞은 수를 쓰세요.

> • **8**단 곱셈구구의 수입니다.
> • **60**보다 큰 수입니다.
> • 일의 자리 숫자는 **4**를 나타냅니다.

( _____ )

✎ 서술형
**19** **0×8=0**인 이유를 쓰세요.

이유 _____

_____

✎ 서술형
**20** 농장에 돼지 **4**마리와 닭 **7**마리가 있습니다. 농장에 있는 동물의 다리는 모두 몇 개인지 풀이 과정을 쓰고, 답을 구하세요.

풀이 _____

_____

_____

_____

_____

_____

_____

답 _____ 개

## 상상력 키우기

 같은 칸씩 이동하며 숫자를 순서대로 선으로 이었습니다.
어떤 모양이 만들어지는지 알아볼까요?

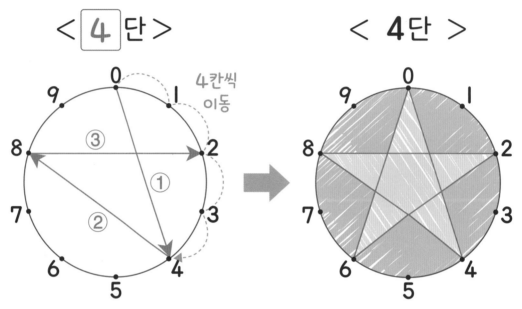

< 4 단 >    < **4**단 >

 곱셈구구의 단을 선택하여 무늬를 직접 꾸며보세요!

< ☐ 단 >    < ☐ 단 >

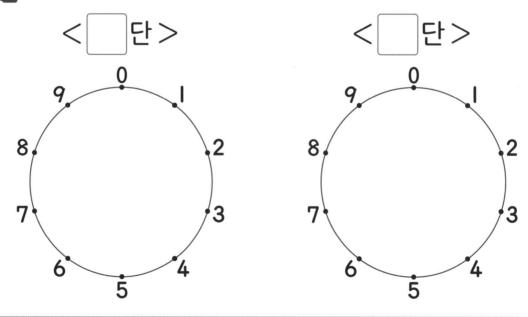

# 3 길이 재기

**이 단원에서 배울 내용**

• 1 m, 길이의 합과 차, 어림하기

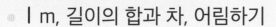

1 cm보다 더 큰 단위     4 길이의 차

2 길이 재기     5 길이 어림하기 (1)

3 길이의 합     6 길이 어림하기 (2)

# 1. cm보다 더 큰 단위

큰 것을 잴 때는 **큰 단위**가 필요해요.
내 키만큼 **긴** 것을 잴 때도 마찬가지!

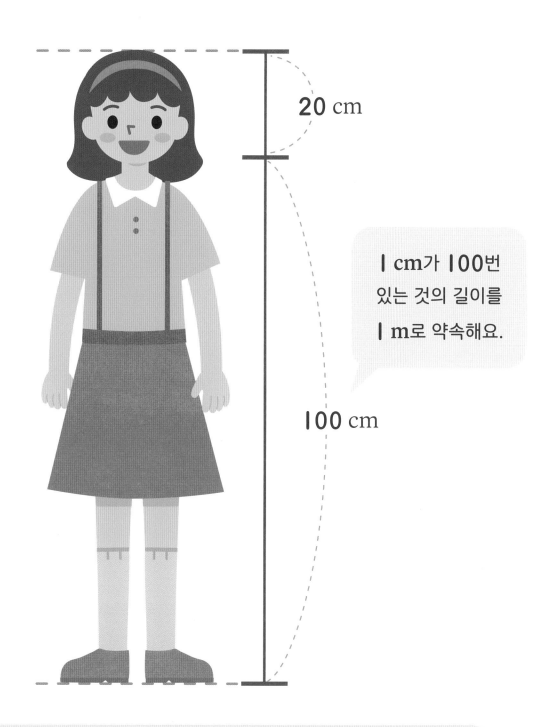

20 cm

100 cm

1 cm가 100번
있는 것의 길이를
1 m로 약속해요.

# 100 cm = 1 m

쓰기 **1 m = 100 cm**

읽기 **1 미터**

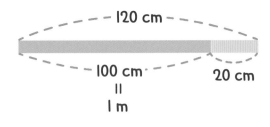

120 cm = <u>1 m 20 cm</u>

↓

읽기 1미터 20센티미터

뜻 1 m보다 20 cm 더 깁니다.

## 개념 익히기 · · · · · · · · · · · · · · · · · · · · · · · · · · · · · · · · · · · · · · · · · · · · · · · · · · · · · · · · · · 정답 24쪽

그림을 보고 빈칸을 알맞게 채우세요.

**1** 110 cm는 1 m보다 ⬚ 10 ⬚ cm 더 깁니다.

**2** 110 cm = ⬚ m ⬚ cm

**3** 1 m 10 cm를 ⬚ 라고 읽습니다.

빈칸을 알맞게 채우세요.

Ⅰm = Ⅰ00 cm

**1**

2 m = 200 cm

**2**

3 m 20 cm = ☐ cm

**3**

403 cm = ☐ m ☐ cm

**4**

Ⅰ75 cm = ☐ m ☐ cm

**5**

600 cm = ☐ m

**6**

Ⅰ0 m = ☐ cm

## 개념 쏙쏙 자를 사용해서 길이 재기

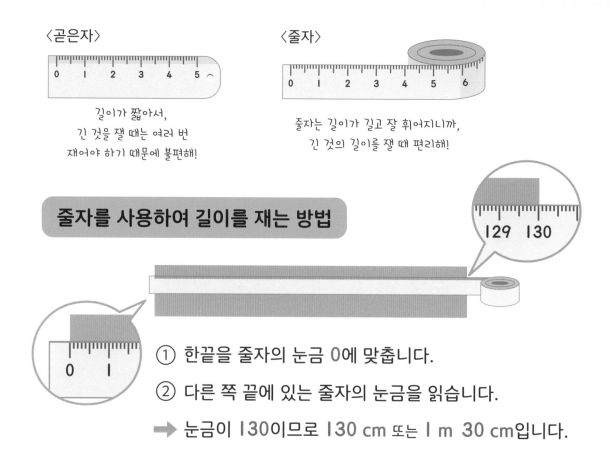

〈곧은자〉

길이가 짧아서,
긴 것을 잴 때는 여러 번
재어야 하기 때문에 불편해!

〈줄자〉

줄자는 길이가 길고 잘 휘어지니까,
긴 것의 길이를 잴 때 편리해!

### 줄자를 사용하여 길이를 재는 방법

① 한끝을 줄자의 눈금 0에 맞춥니다.

② 다른 쪽 끝에 있는 줄자의 눈금을 읽습니다.

➡ 눈금이 130이므로 130 cm 또는 1 m 30 cm입니다.

## 개념 익히기

정답 25쪽

그림을 보고 막대의 길이를 두 가지 방법으로 쓰세요.

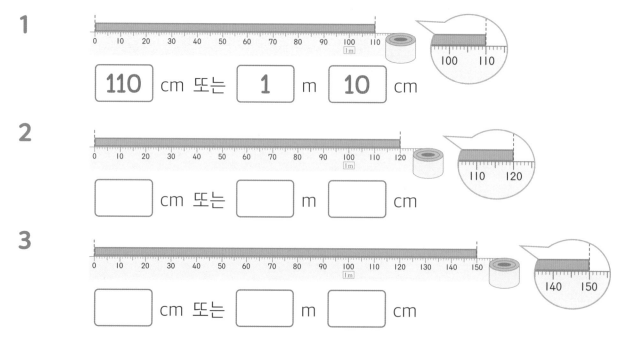

**1**

110 cm 또는 1 m 10 cm

**2**

☐ cm 또는 ☐ m ☐ cm

**3**

☐ cm 또는 ☐ m ☐ cm

## 개념 다지기

정답 25쪽

길이를 잘못 재고 있는 그림을 찾아 기호를 쓰고, 그 이유를 설명하세요.

재려는 물건의 한끝을 줄자의 눈금 0에 맞추고 다른 쪽 끝에 있는 눈금을 읽기~

ㄱ

책상의 길이는 1 m 15 cm입니다.

ㄴ

냉장고의 높이는 1 m 60 cm입니다.

ㄷ
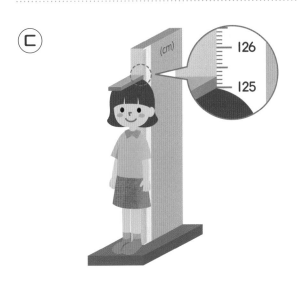
혜진이의 키는 1 m 25 cm입니다.

ㄹ
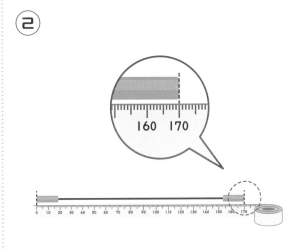
줄넘기의 길이는 1 m 70 cm입니다.

길이를 잘못 재고 있는 그림 ➡

이유

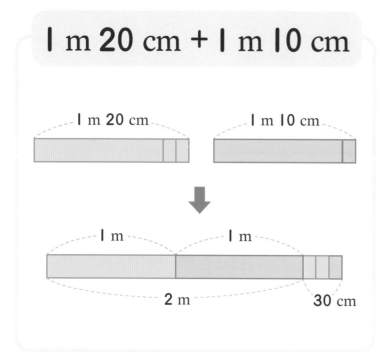

$$1\ m\ 20\ cm + 1\ m\ 10\ cm$$

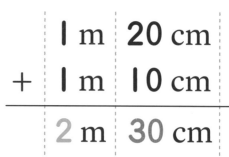

| | 1 m | 20 cm |
|---|---|---|
| + | 1 m | 10 cm |
| | 2 m | 30 cm |

cm는 cm끼리
m는 m끼리
계산해야 해!

## 개념 익히기

정답 25쪽

03-06

계산해 보세요.

**1**

$$\begin{array}{r} 1\ m\ \ 23\ cm \\ +\ 3\ m\ \ 40\ cm \\ \hline \boxed{4}\ m\ \boxed{63}\ cm \end{array}$$

**2**

$$\begin{array}{r} 2\ m\ \ 50\ cm \\ +\ 2\ m\ \ \ 8\ cm \\ \hline \boxed{\ }\ m\ \boxed{\ }\ cm \end{array}$$

**3**

$$3\ m\ 60\ cm + 7\ m\ 20\ cm = \boxed{\ }\ m\ \boxed{\ }\ cm$$

## 개념 다지기

정답 25쪽

그림을 보고 색 테이프의 전체 길이를 구하세요.

cm는 cm끼리!
m는 m끼리!

**1**

1 m 26 cm          1 m 30 cm

$\boxed{2}$ m $\boxed{56}$ cm

**2**

1 m 55 cm          2 m 32 cm

$\boxed{\phantom{0}}$ m $\boxed{\phantom{0}}$ cm

**3**

1 m 87 cm          2 m 11 cm

$\boxed{\phantom{0}}$ m $\boxed{\phantom{0}}$ cm

**4**

1 m 60 cm          1 m 35 cm

$\boxed{\phantom{0}}$ m $\boxed{\phantom{0}}$ cm

**5**

2 m 15 cm          2 m 30 cm

$\boxed{\phantom{0}}$ m $\boxed{\phantom{0}}$ cm

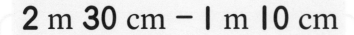

**2 m 30 cm − 1 m 10 cm**

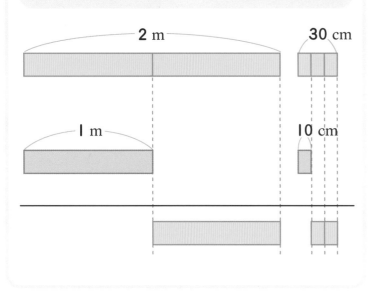

|   | 2 m | 30 cm |
|---|-----|-------|
| − | 1 m | 10 cm |
|   | 1 m | 20 cm |

길이의 차도
길이의 합처럼
**끼리끼리** 계산해!

## 개념 익히기

정답 26쪽    03-08

계산해 보세요.

**1**

```
   6 m  87 cm
 − 4 m  32 cm
 ┌──┐    ┌──┐
 │ 2│ m  │55│ cm
 └──┘    └──┘
```

**2**

```
   5 m  48 cm
 − 2 m  31 cm
 ┌──┐    ┌──┐
 │  │ m  │  │ cm
 └──┘    └──┘
```

**3**

3 m 70 cm − 2 m 40 cm = ☐ m ☐ cm

# 개념 다지기

정답 26쪽

그림을 보고 사용한 리본의 길이를 구하세요.

> 처음 길이에서 나중 길이를 빼면
> 얼마만큼 사용했는지 알 수 있어!

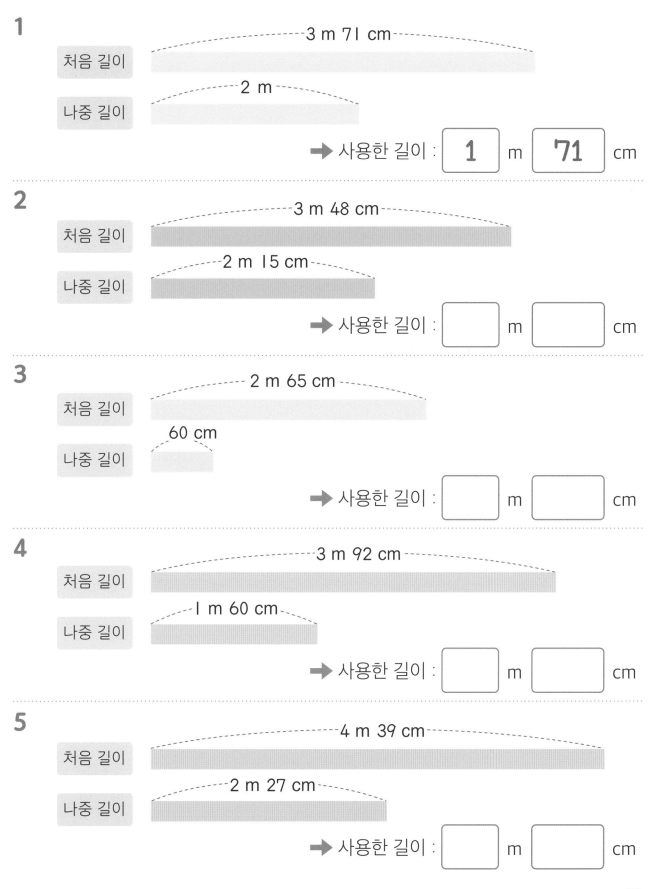

**1**

처음 길이 ─── 3 m 71 cm ───

나중 길이 ─── 2 m ───

→ 사용한 길이 : **1** m **71** cm

**2**

처음 길이 ─── 3 m 48 cm ───

나중 길이 ─── 2 m 15 cm ───

→ 사용한 길이 : ☐ m ☐ cm

**3**

처음 길이 ─── 2 m 65 cm ───

나중 길이 ── 60 cm ──

→ 사용한 길이 : ☐ m ☐ cm

**4**

처음 길이 ─── 3 m 92 cm ───

나중 길이 ── 1 m 60 cm ──

→ 사용한 길이 : ☐ m ☐ cm

**5**

처음 길이 ─── 4 m 39 cm ───

나중 길이 ─── 2 m 27 cm ───

→ 사용한 길이 : ☐ m ☐ cm

조건에 맞는 길이를 몇 m 몇 cm로 쓰고, 두 길이의 차를 구하세요.

> 몇 m 몇 cm로
> 단위를 맞춰서 비교해 봐!

**1**

437 cm

4 m 73 cm

477 cm

가장 긴 길이: __4__ m __77__ cm

가장 짧은 길이: __4__ m __37__ cm

두 길이의 차: __40__ cm

**2**

1 m 3 cm

1 m 42 cm

144 cm

가장 긴 길이: _____ m _____ cm

가장 짧은 길이: _____ m _____ cm

두 길이의 차: _____ cm

**3**

7 m 42 cm

702 cm

7 m 24 cm

가장 긴 길이: _____ m _____ cm

가장 짧은 길이: _____ m _____ cm

두 길이의 차: _____ cm

**4**

6 m 29 cm

6 m 3 cm

630 cm

가장 긴 길이: _____ m _____ cm

가장 짧은 길이: _____ m _____ cm

두 길이의 차: _____ cm

## 개념 펼치기

정답 26쪽

물음에 답하세요.

길이를 계산하는 식을 쓸 때는
단위를 꼭 써야 해!

**1** 길이가 1 m 15 cm인 고무줄이 있습니다. 이 고무줄을 양쪽에서 잡아당겼더니 2 m 48 cm가 되었습니다. 고무줄의 길이는 처음보다 얼마나 늘어났을까요?

식   2 m 48 cm − 1 m 15 cm = 1 m 33 cm

답   1 m 33 cm

**2** 송이가 가진 색 테이프는 3 m 20 cm 이고, 규현이가 가진 색 테이프는 2 m 47 cm입니다. 두 사람이 갖고 있는 색 테이프는 모두 몇 m 몇 cm일까요?

식  

답  

**3** 길이가 5 m 76 cm인 리본으로 선물을 포장했더니 3 m 21 cm가 남았습니다. 선물을 포장하는 데 사용한 리본은 몇 m 몇 cm일까요?

식  

답  

**4** 승호네 어머니는 노란색 털실 2 m 44 cm, 파란색 털실 3 m 14 cm를 사용해 스웨터를 짰습니다. 스웨터를 짜는 데 사용한 털실은 모두 몇 m 몇 cm일까요?

식  

답  

## 개념 쏙쏙 몸의 부분으로 길이 재기

⭐ **몸의 일부를 이용하여 1 m를 어림할 수 있습니다.**

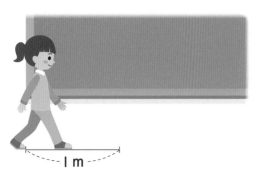

1 m는 약 **두 걸음**입니다.

1 m는 약 **7뼘**입니다.

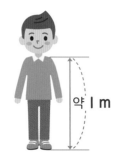

**발에서 어깨까지**의 길이가
약 1 m입니다.

양팔을 벌렸을 때 **한쪽 손 끝에서
다른 쪽 손목까지**가 약 1 m입니다.

## 개념 익히기

정답 27쪽

03-12

주어진 길이를 잴 때, 몸의 어느 부분으로 재는 것이 가장 알맞은지 기호를 쓰세요.

| ㉠ 한 뼘 | ㉡ 한 걸음 | ㉢ 엄지손가락 |

**1** 지우개 짧은 쪽의 길이 ·························· ( ㉢ )

**2** 교실 앞쪽에서 뒤쪽까지의 거리 ·················· ( )

**3** 책상의 짧은 쪽의 길이 ························· ( )

개념 **다지기**

정답 27쪽

물음에 답하세요.

ㅣm가 몇 번 들어가는지 세어 봐!

**1** 길이가 ㅣm보다 긴 것을 모두 찾아 기호를 쓰세요. ·········· ( Ⓛ,                    )

ⓐ 수학책의 긴 쪽의 길이    Ⓛ 침대의 긴 쪽의 길이    Ⓒ 줄넘기의 길이

ⓔ 연필의 길이                Ⓜ 전봇대의 높이          Ⓑ 책상의 짧은 쪽의 길이

**2** 지윤이 동생의 키가 ㅣm일 때, 주어진 길이는 약 몇 m인지 어림해 보세요.

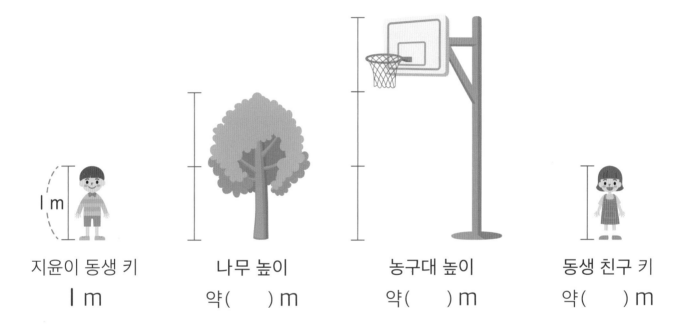

지윤이 동생 키     나무 높이     농구대 높이     동생 친구 키

ㅣm     약(    ) m     약(    ) m     약(    ) m

**3** 민영이의 한 걸음이 50 cm라면 칠판의 긴 쪽의 길이는 약 몇 m일까요?

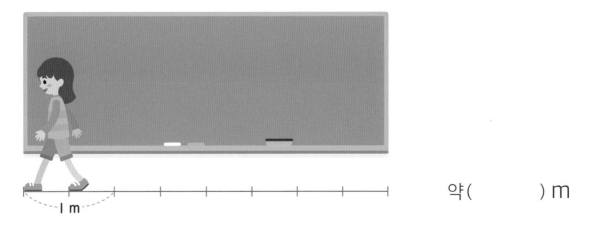

약(        ) m

⭐ **축구 골대의 긴 쪽의 길이를 어림해 봅시다.**

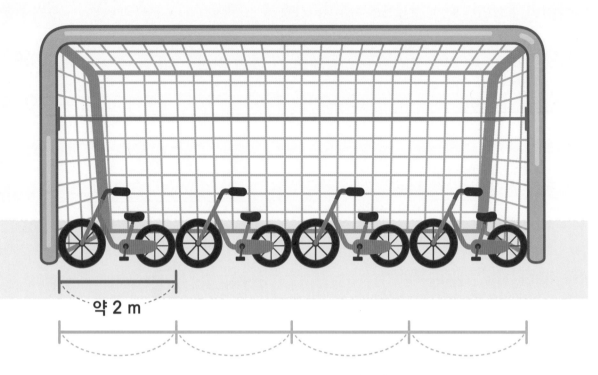

약 2 m

**축구 골대의 긴 쪽의 길이는 자전거 길이의 4배**

**→ 약 2 m의 4배이므로 약 8 m입니다.**

## 개념 익히기

정답 27쪽

알맞은 길이를 골라 문장을 완성해 보세요.

| 1 m | 2 m | 4 m | 200 m |

**1** 땅에서 육교까지의 높이는 약 | 4 m | 입니다.

**2** 교실 문의 높이는 약 |        | 입니다.

**3** 산에 있는 출렁다리의 길이는 약 |        | 입니다.

# 개념 다지기

그림을 보고 어림하여 빈칸에 알맞은 수를 쓰세요.

짧은 길이의 몇 배인지
어림해 보자~

**1**

어미 코끼리의 키는

약 **3** m입니다.

**2**

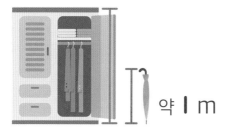

옷장의 높이는

약 [ ] m입니다.

**3**

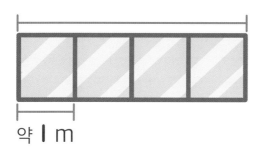

창문 전체의 길이는

약 [ ] m입니다.

**4**

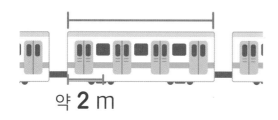

열차 한 칸의 길이는

약 [ ] m입니다.

## 개념 다지기

정답 28쪽

그림을 보고, 길이를 어림하여 빈칸에 알맞은 기호를 쓰세요.

작은 것이 큰 것 안에
몇 번 들어갈지 생각해 봐~

---

⊙ 사물함의 길이

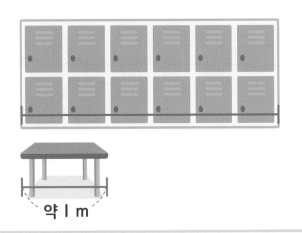

약 1 m

ⓛ 버스 정류소의 길이

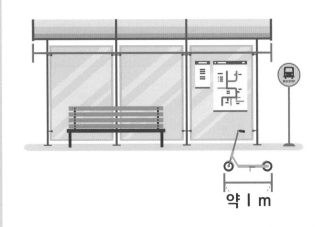

약 1 m

ⓒ 굴착기의 높이

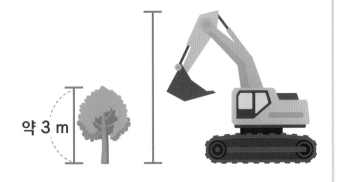

약 3 m

ⓔ 다리의 길이

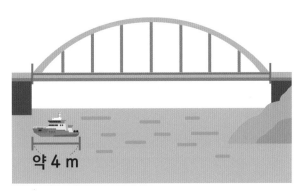

약 4 m

---

1  ⓒ  은 약 6 m입니다.

2  [ ]  은 약 3 m입니다.

3  [ ]  은 약 5 m입니다.

4  10 m보다 긴 것은 [ ] 입니다.

길이가 2 m인 줄자를 이용하여 여러 가지 길이를 재려고
합니다. 빈칸을 알맞게 채우세요.

2 m가 몇 번 들어갈까?

**1**

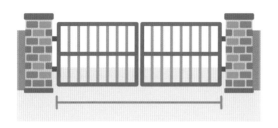

학교 교문의 긴 쪽의 길이: 줄자로 약 **3번**

➡ 약 $\boxed{6}$ m

**2**

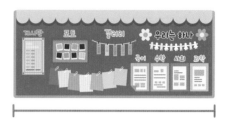

교실 게시판의 긴 쪽의 길이: 줄자로 약 **2번**

➡ 약 $\boxed{\phantom{0}}$ m

**3**

버스의 길이: 줄자로 약 **5번**

➡ 약 $\boxed{\phantom{0}}$ m

**4**

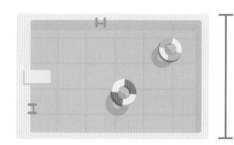

수영장의 짧은 쪽의 길이: 줄자로 약 **10번**

➡ 약 $\boxed{\phantom{0}}$ m

**5**

은행나무의 높이: 줄자로 약 **7번**

➡ 약 $\boxed{\phantom{0}}$ m

**6**

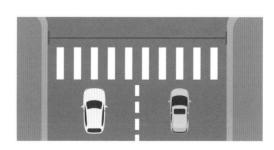

횡단보도의 길이: 줄자로 약 **4번**

➡ 약 $\boxed{\phantom{0}}$ m

**1** 빈칸을 알맞게 채우세요.

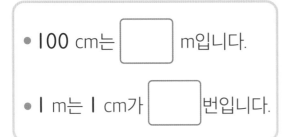

- 100 cm는 [ ] m입니다.

- 1 m는 1 cm가 [ ] 번입니다.

**2** 냉장고의 높이는 몇 m 몇 cm일까요?

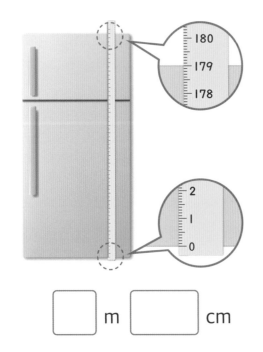

[ ] m [ ] cm

**3** 317 cm를 m와 cm를 사용하여 쓰고, 읽어 보세요.

쓰기 ➡ [ ] m [ ] cm

읽기 ➡ [                    ]

**4** 1 m보다 긴 것에 '긴'이라고 쓰고, 짧은 것에 '짧'이라고 쓰세요.

- 분필의 길이 ·········· ( )

- 교실 한쪽 벽면의 길이 ··· ( )

- 신발의 길이 ·········· ( )

- 버스 긴 쪽의 길이 ······ ( )

**5** 빈칸을 알맞게 채우세요.

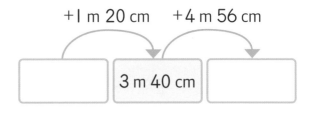

+1 m 20 cm    +4 m 56 cm

[ ]    3 m 40 cm    [ ]

**6** 두 길이가 서로 같도록 빈칸을 알맞게 채우세요.

(1) 5 m 39 cm = [ ] cm

(2) 127 cm = [ ] m [ ] cm

**7** 길이를 비교하여 ◯ 안에 >, <를 알맞게 쓰세요.

763 cm ◯ 7 m 36 cm

**8** 빈칸을 알맞게 채우세요.

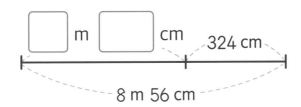

**9** 주어진 1 m로 끈의 길이를 어림했습니다. 어림한 끈의 길이는 약 몇 m일까요?

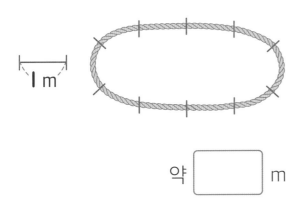

약 ▢ m

**10** 길이가 짧은 순서대로 기호를 쓰세요.

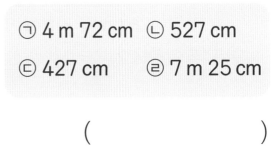

( )

**11** 수 카드 **3**장을 한 번씩만 사용하여 가장 긴 길이를 만드세요.

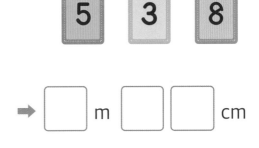

➡ ▢ m ▢ ▢ cm

**12** 실제 길이에 가까운 것을 찾아 선으로 이으세요.

기타의 길이 •        • 12 cm

버스의 길이 •        • 1 m

연필의 길이 •        • 10 m

**13** 소율이는 길이가 792 cm인 리본을 가지고 있습니다. 소율이가 가진 리본으로 길이가 1 m인 리본을 몇 개 만들 수 있을까요?

(        )개

**[14-15]** 그림을 보고 물음에 답하세요.

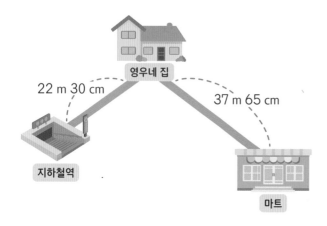

**14** 마트에서 영우네 집을 지나 지하철역까지 가는 거리는 몇 m 몇 cm일까요?

□ m □ cm

**15** 영우네 집에서 마트와 지하철역 중 어느 곳까지의 거리가 얼마나 더 멀까요?

□ 가 □ m □ cm
더 멉니다.

**16** 막대의 길이가 50 cm라면 자동차의 길이는 약 몇 m일까요?

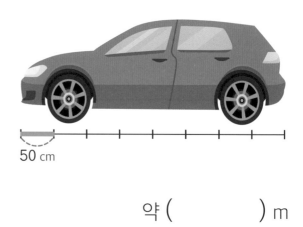

약 (        ) m

**17** 수호와 민주가 멀리뛰기를 했습니다. 수호가 뛴 거리는 1 m 25 cm이고, 민주가 뛴 거리는 1 m 30 cm입니다. 두 사람 중 누가 얼마나 더 멀리 뛰었을까요?

식 _____

답 □ 가 □ cm
더 멀리 뛰었습니다.

**18** 길이가 **4** m **58** cm인 분홍색 테이프와 길이가 **6** m **31** cm인 노란색 테이프가 있습니다. 두 색 테이프의 길이의 합은 몇 m 몇 cm일까요?

식 _____

답 [　] m [　] cm

✏️서술형

**19** 실제 길이가 **3** m **75** cm인 끈의 길이를 어림한 것입니다. 더 가깝게 어림한 사람은 누구인지 풀이 과정을 쓰고, 답을 구하세요.

| 주은 | 3 m 61 cm |
|------|-----------|
| 희철 | 3 m 85 cm |

풀이 _____

_____

_____

답 _____

✏️서술형

**20** 주어진 그림에서 기둥과 기둥 사이의 거리를 구해 보세요.

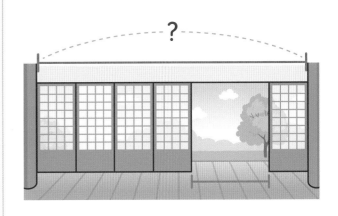

- 장지문이 열려있는 곳의 길이는 약 **2** m입니다.
- 장지문 한 칸의 길이는 약 **1** m입니다.

풀이 _____

_____

_____

_____

답 약 [　] m

 여러분의 키는 얼마인가요?
2가지 방법으로 나타내 보세요.

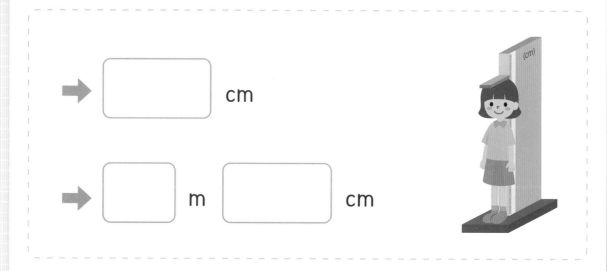

→ [ ] cm

→ [ ] m [ ] cm

 우리 반 교실 긴 쪽의 길이를 양팔을 벌린
길이로 재어 보세요. 몇 번이 나오나요?

# 4 시각과 시간

이 단원에서 배울 내용

● 몇 시 몇 분, 1시간, 하루, 1년

① 몇 시 몇 분 (1)

② 몇 시 몇 분 (2)

③ 여러 방법으로 시각 읽기

④ 1시간

⑤ 하루

⑥ 달력

⑦ 1년

시계 읽는 법

□시 △분

'분'은 여기서부터 **시작!**

작은 한 칸이 1분

**짧은바늘 읽는 법**

짧은바늘이
두 숫자 사이에 있을 때는
먼저 나온 숫자에 '시' 붙이기

**긴바늘 읽는 법**

12에서부터
작은 칸의 개수를 세어서
'분' 붙이기

→ 8시 6분

## 개념 쏙쏙 — 5분, 10분, 15분, 20분, …

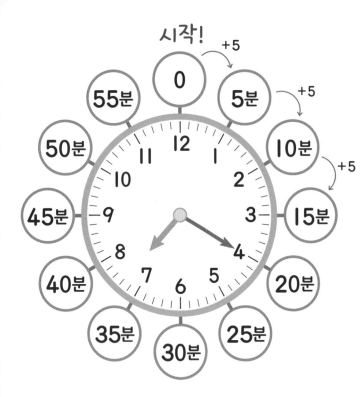

**7시 20분**

## 시계 읽는 방법

① 짧은바늘을 보고 ☐ 시

짧은바늘이 두 숫자 사이에
있으면 먼저 나온 수에
'시'를 붙입니다.

② 긴바늘을 보고 △ 분

숫자와 숫자 사이에 작은 칸이
5개씩 있으니까,
긴바늘이 가리키는 숫자가
1이면 5분, 2면 10분, …입니다.

> 숫자와 숫자 사이에서
> '분'은 5씩 커지니까
> 5단 곱셈구구 같네~

## 개념 익히기

정답 30쪽

시계를 보고 몇 시 몇 분인지 쓰세요.

**1**

[8] 시 [15] 분

**2**

☐ 시 ☐ 분

**3**

☐ 시 ☐ 분

시각에 맞게 긴바늘을 그리세요.

긴바늘이 가리키는 숫자가
1이면 5분, 2면 10분, 3이면 15분~

**1**

3시 10분

**2**

8시 5분

**3**

12시 25분

**4**

10시 35분

**5**

5시 50분

**6**

9시 40분

# 개념 쏙쏙 | 5씩 뛰어 세기하고 몇 칸 더 가기

## 긴바늘이 **숫자**와 **숫자** 사이에 있을 때

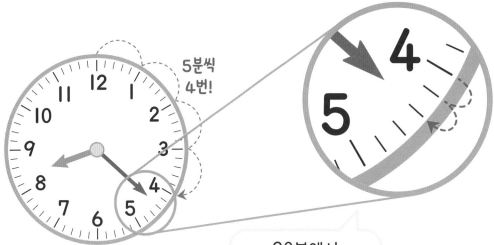

5분씩 4번!

20분에서 2칸 더 간 것이니까 22분입니다.

➡ 8시 22분

**5분씩 △번 가고, 작은 눈금만큼 더 가기**

## 개념 익히기

정답 30쪽

04-04

시계를 보고 몇 시 몇 분인지 쓰세요.

**1**

4 시 18 분

**2**

☐ 시 ☐ 분

**3**

☐ 시 ☐ 분

## 개념 **다지기**

정답 30쪽

같은 시각을 나타내는 것끼리 선으로 이으세요.

긴바늘은 5분씩 △번 가고,
작은 눈금만큼 더 간 거야!

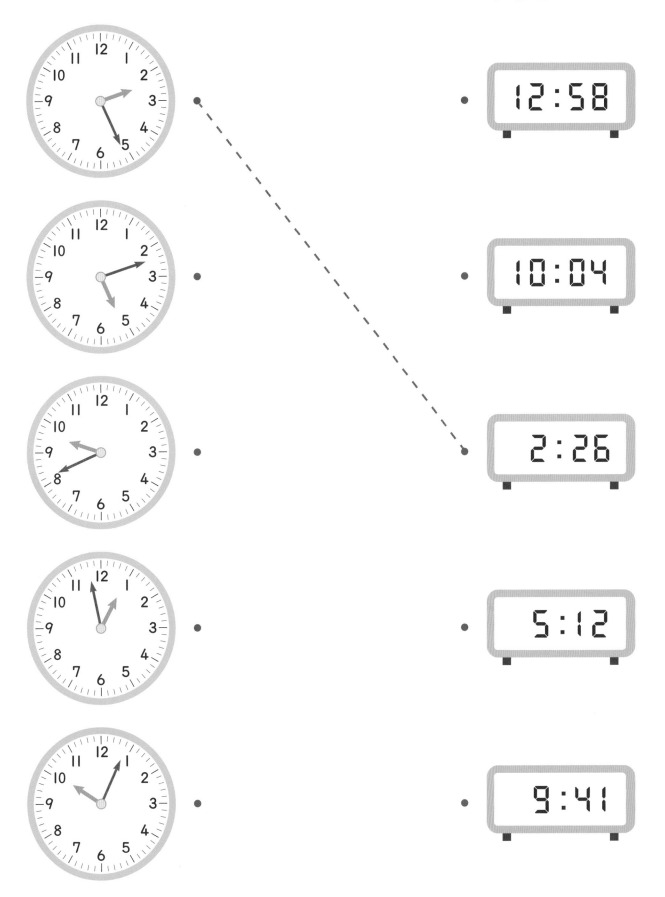

## 개념 쏙쏙 50분, 55분

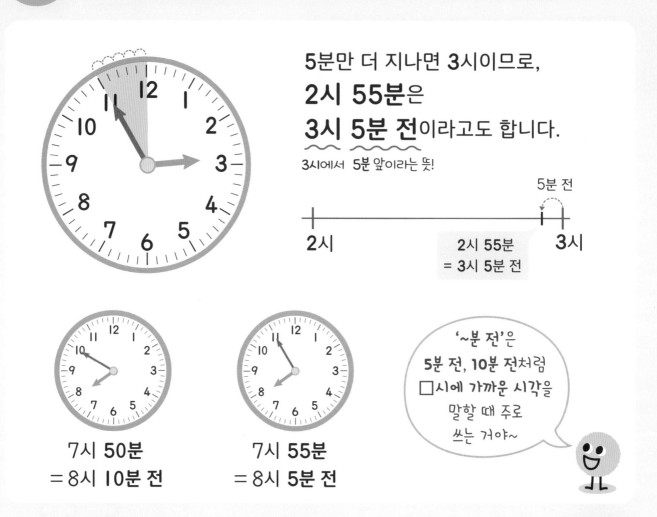

5분만 더 지나면 **3**시이므로,
**2시 55분**은
**3시 5분 전**이라고도 합니다.

3시에서 5분 앞이라는 뜻!

7시 **50분**
=8시 **10분 전**

7시 **55분**
=8시 **5분 전**

'~분 전'은
**5분 전, 10분 전**처럼
☐시에 가까운 시각을
말할 때 주로
쓰는 거야~

## 개념 익히기

정답 31쪽

시계를 보고 빈칸을 알맞게 채우세요.

**1** 시계가 나타내는 시각은 2 시 50 분입니다.

**2** 3시가 되려면 ☐ 분이 더 지나야 합니다.

**3** 다른 방법으로 시각을 읽으면 ☐시 ☐분 **전** 입니다.

정답 31쪽

시계를 보고 두 가지 방법으로 시각을 읽어 보세요.

55분은 5분 전!
50분은 10분 전!

**1**

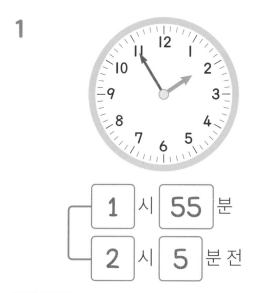

[ 1 ] 시 [ 55 ] 분

[ 2 ] 시 [ 5 ] 분 전

**2**

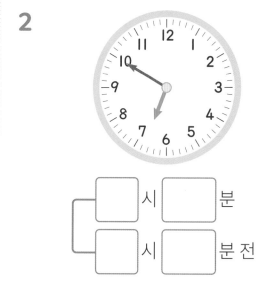

[ ] 시 [ ] 분

[ ] 시 [ ] 분 전

**3**

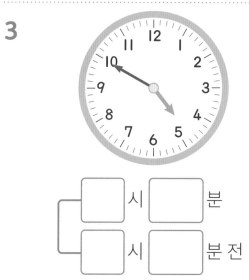

[ ] 시 [ ] 분

[ ] 시 [ ] 분 전

**4**

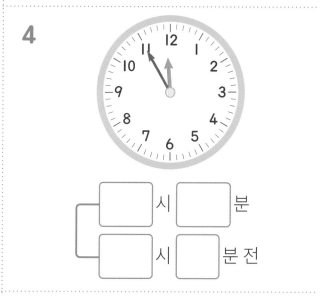

[ ] 시 [ ] 분

[ ] 시 [ ] 분 전

**5**

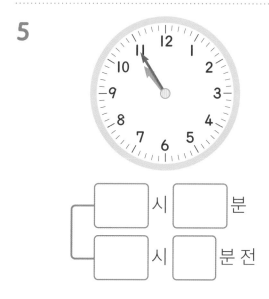

[ ] 시 [ ] 분

[ ] 시 [ ] 분 전

**6**

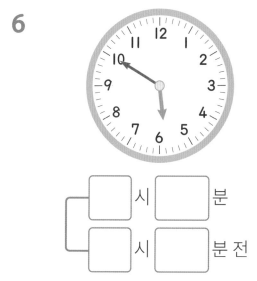

[ ] 시 [ ] 분

[ ] 시 [ ] 분 전

## 개념 쏙쏙   긴바늘이 1바퀴 돌면 1시간

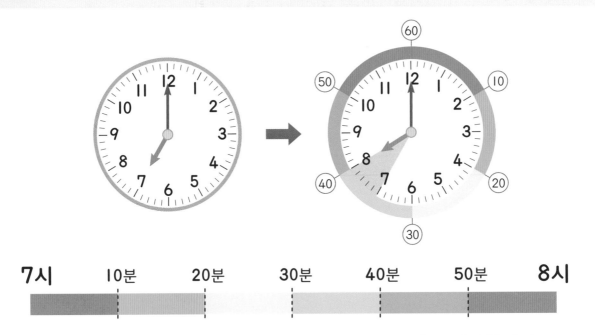

7시    10분    20분    30분    40분    50분    8시

긴바늘이 한 바퀴 도는 동안 짧은바늘은 다음 숫자로 이동합니다.
이때 걸리는 시간이 **60분**입니다.

# 60분 = 1시간

## 개념 익히기

정답 31쪽

빈칸을 알맞게 채우세요.

**1**   1시간 30분 = **90** 분

**2**   2시간 = [   ] 분

**3**   130분 = [   ] 시간 [   ] 분

두 시계를 보고 시간이 얼마나 지났는지 시간 띠에 색칠하여 구하세요.

시간 띠의 1칸은 10분! 4칸 색칠하면 40분이야~

**1**

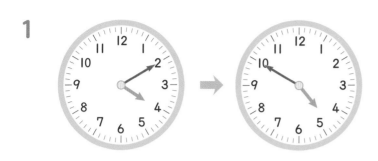

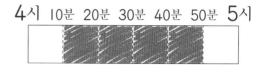

➡ **40** 분 지났습니다.

**2**

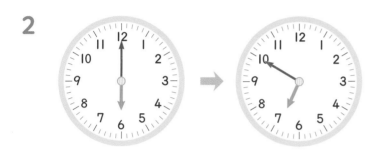

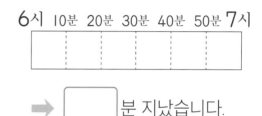

➡ 분 지났습니다.

**3**

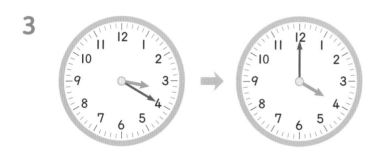

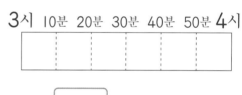

➡ 분 지났습니다.

**4**

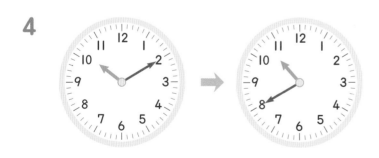

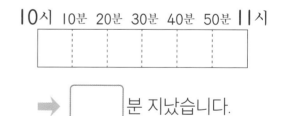

➡ 분 지났습니다.

**5**

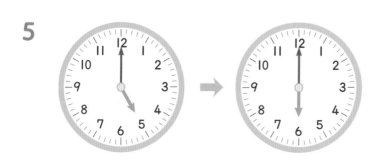

➡ 분 지났습니다.

## 개념 **다지기**

정답 32쪽

두 시계를 보고 시간이 얼마나 지났는지 시간 띠에 색칠하여 구하세요.

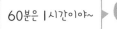

**1**

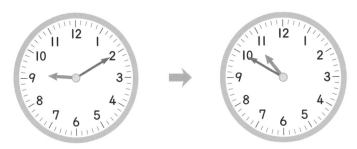

100 분 = 1 시간 40 분

**2**

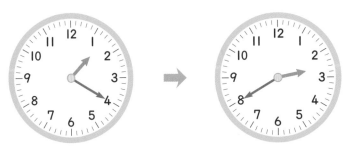

☐ 분 = ☐ 시간 ☐ 분

**3**

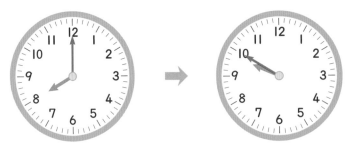

☐ 분 = ☐ 시간 ☐ 분

연수네 가족의 오늘 하루 계획표를 보고 물음에 답하세요.

어려우면 시간 띠를 그려서 생각해 봐~

| 활동 계획 | 시간 |
|---|---|
| 놀이 기구 이용 | 9:40 ~ 11:30 |
| 점심 식사 | 11:30 ~ 1:00 |
| 동물원 관람 | 1:00 ~ 3:30 |
| 집으로 이동 | 3:30 ~ 4:30 |

**1** 놀이 기구를 이용한 시간을 시간 띠에 색칠해 보세요.

9시 10분 20분 30분 40분 50분 10시 10분 20분 30분 40분 50분 11시 10분 20분 30분 40분 50분 12시

**2** 점심 식사 시간을 시간 띠에 색칠하고 몇 시간 몇 분인지 쓰세요.

11시 10분 20분 30분 40분 50분 12시 10분 20분 30분 40분 50분 1시

☐시간 ☐분

**3** 2시간이 넘는 활동을 쓰세요.

(                    )

**4** 집으로 이동하는 데 걸린 시간을 2가지 방법으로 나타내세요.

☐시간 = ☐분

피아노 연습 시간을 보고, 더 오래 연습한 사람이 누구인지
쓰세요.

친구들이 연습한 시간을
각각 구해 두면
비교하기 쉬워~

**1**

|  | 시작한 시각 | 끝난 시각 |
|---|---|---|
| 수근 | 3시 40분 | 4시 10분 |
| 동현 | 3시 20분 | 4시 |

➡ 더 오래 연습한 사람: **동현**

**2**

|  | 시작한 시각 | 끝난 시각 |
|---|---|---|
| 민아 | 6시 50분 | 7시 30분 |
| 소진 | 4시 30분 | 5시 30분 |

➡ 더 오래 연습한 사람: 

**3**

|  | 시작한 시각 | 끝난 시각 |
|---|---|---|
| 태준 | 2시 10분 | 3시 |
| 수영 | 3시 20분 | 4시 30분 |

➡ 더 오래 연습한 사람: 

**4**

|  | 시작한 시각 | 끝난 시각 |
|---|---|---|
| 은솔 | 7시 30분 | 8시 50분 |
| 한영 | 6시 40분 | 7시 50분 |

➡ 더 오래 연습한 사람:

물음에 답하세요.

끝난 시각에서 걸린 시간 만큼 되돌아가기~

**1**  슬기는 50분 동안 산책을 했습니다. 산책이 끝난 시각이 5시 30분이라면 산책을 시작한 시각은 몇 시 몇 분일까요?

<산책이 끝난 시각>

4 시 40 분

**2**  민기는 1시간 10분 동안 축구를 했습니다. 축구가 끝난 시각이 4시 25분이라면 축구를 시작한 시각은 몇 시 몇 분일까요?

<축구가 끝난 시각>

☐ 시 ☐ 분

**3**  희진이는 1시간 30분 동안 책을 읽었습니다. 책을 다 읽은 시각이 3시 50분이라면 책을 읽기 시작한 시각은 몇 시 몇 분일까요?

<책을 다 읽은 시각>

☐ 시 ☐ 분

**4**  준호는 2시간 20분 동안 영화를 봤습니다. 영화가 끝난 시각이 6시 15분이라면 영화가 시작한 시각은 몇 시 몇 분일까요?

<영화가 끝난 시각>

☐ 시 ☐ 분

# 개념 쏙쏙 (오전)+(오후)=(하루)

지수의 하루 일과표입니다.

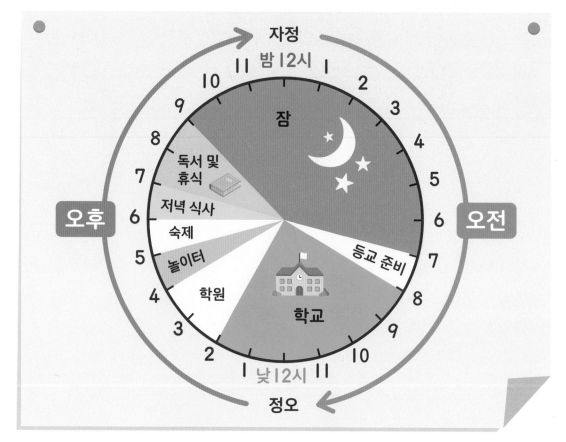

오전
오후
**|일 = |2시간 + |2시간 = 24시간**

## 개념 익히기

정답 33쪽

빈칸을 알맞게 채우세요.

**1** |일 = 24 시간

**2** 28시간 = ☐일 ☐시간

**3** |일 9시간 = ☐ 시간

왼쪽의 하루 일과표를 시간 띠에 나타내고, 물음에 답하세요.

오전, 오후로 나눈 시간 띠에서는
| 칸이 | 시간이야~

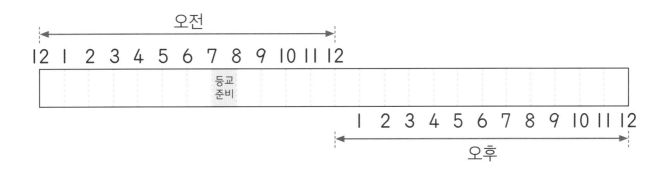

**1** 알맞은 말에 ○표 하세요.

> 지수가 학교에 있는 시간은 ((오전), 오후 ) 8시부터
> ( 오전 , 오후 ) 2시까지입니다.

**2** 설명하는 때가 오전인지 오후인지 쓰세요.

- 등교 준비하는 시간　　(　　　　　)
- 학원에 있는 시간　　　(　　　　　)
- 숙제하는 시간　　　　(　　　　　)

**3** 지수가 잠자는 시간은 몇 시간인지 쓰세요.

　　　　시간

**4** 지수의 하루는 몇 시간인지 쓰세요.

　　　　시간

정답 34쪽

두 시계를 보고 시간이 얼마나 지났는지 시간 띠에 색칠하여
구하세요.

색칠한 칸이 ☐개이면
☐시간 지난 거야~

**1**

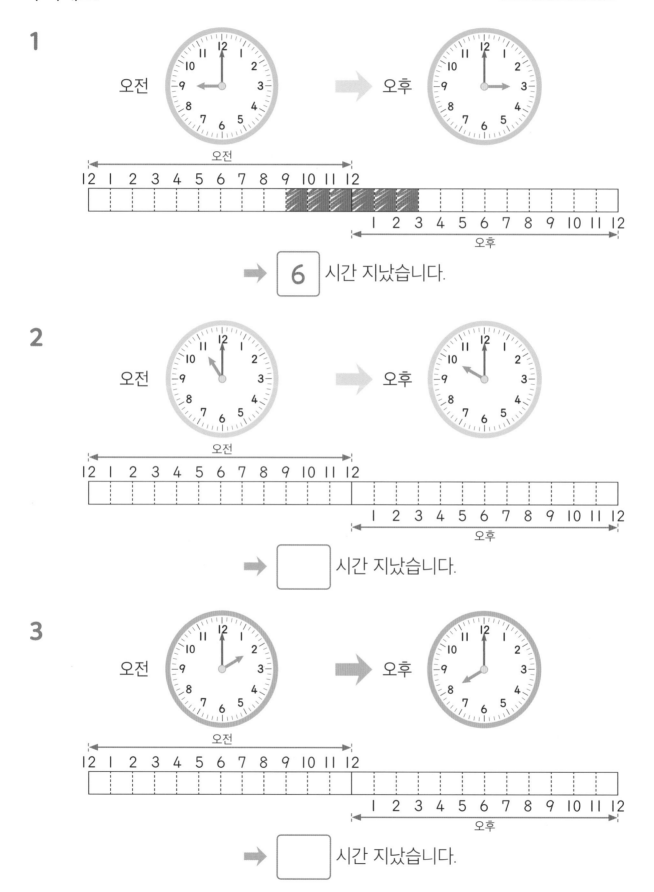

➡ 6 시간 지났습니다.

**2**

➡ ☐ 시간 지났습니다.

**3**

➡ ☐ 시간 지났습니다.

## 개념 펼치기

종민이네 가족의 여행 일정표를 보고 물음에 답하세요.

오전인지 오후인지
잘 봐야 해~

정답 34쪽

| 시간 | 한 일 | 시간 | 한 일 |
|---|---|---|---|
| 8:00~10:00 | 남이섬으로 이동 | 3:00~4:00 | 간식 |
| 10:00~1:00 | 남이섬 구경하기 | 4:00~6:00 | 모험의 숲 체험 |
| 1:00~2:00 | 점심 식사 | 6:00~7:00 | 저녁 식사 |
| 2:00~3:00 | 자전거 타기 | 7:00~9:00 | 집으로 돌아오기 |

**1** 종민이네 가족은 ( (오전) , 오후 ) 8 시에 남이섬으로 출발했습니다.

**2** ( 오전 , 오후 ) ☐ 시부터 ( 오전 , 오후 ) ☐ 시까지 남이섬을 구경했습니다.

**3** ( 오전 , 오후 ) ☐ 시부터 ( 오전 , 오후 ) ☐ 시까지 점심을 먹었습니다.

**4** ( 오전 , 오후 ) ☐ 시부터 ( 오전 , 오후 ) ☐ 시까지 자전거를 탔습니다.

자전거를 타는 데 걸린 시간은 ☐ 시간입니다.

**5** ( 오전 , 오후 ) ☐ 시부터 ( 오전 , 오후 ) ☐ 시까지 모험의 숲을 체험했습니다. 모험의 숲을 체험하는 데 걸린 시간은 ☐ 시간입니다.

**6** 오고 가는 데 걸린 시간을 합해서 종민이네 가족이 여행하는 데 걸린 시간은 모두 ☐ 시간입니다.

## 11월

| 일 | 월 | 화 | 수 | 목 | 금 | 토 |
|---|---|---|---|---|---|---|
| | | | 1 | 2 | 3 | 4 |
| 5 | 6 | 7 | 8 | 9 | 10 | 11 |
| 12<br>오늘 | 13 | 14 | 15 | 16 | 17 | 18 |
| 19 | 20 | 21 | 22 | 23 | 24 | 25 |
| 26 | 27 | 28 | 29 | 30 | | |

일요일　월요일　화요일　수요일　목요일　금요일　토요일

1주일 전 →
1주일 후 →

### 1주일 = 7일

## 개념 **익히기**

정답 34쪽

위의 달력을 보고 빈칸을 알맞게 채우세요.

**1** 오늘은 　11　월　12　일입니다.

**2** 오늘은 ☐요일입니다.

**3** 오늘부터 **2**주일 후는 ☐월 ☐일입니다.

**4** 11월은 ☐일까지 있습니다.

## 개념 **다지기**

정답 34쪽

어느 해의 5월 달력입니다. 물음에 답하세요.

질문에 알맞은 날짜를 달력에
표시하면서 문제를 풀어 봐!

| 일 | 월 | 화 | 수 | 목 | 금 | 토 |
|---|---|---|---|---|---|---|
|  | 1 | 2 | 3 | 4 | 5 | 6 |
| 7 | 8 | 9 | 10 | 11 | 12 | 13 |
| 14 | 15 | 16 | 17 | 18 | 19 | 20 |
| 21 | 22 | 23 | 24 | 25 | 26 | 27 |
| 28 | 29 | 30 | 31 |  |  |  |

**5월**

**1** 5월에 일요일은 몇 번 있을까요? ········· **4** 번

**2** 5월 5일 어린이날은 무슨 요일일까요? ········· ☐ 요일

**3** 5월은 며칠까지 있을까요? ········· ☐ 일

**4** 5월 둘째 토요일이 피아노 콩쿠르 날입니다. 피아노
콩쿠르는 몇 월 며칠일까요? ········· ☐ 월 ☐ 일

**5** 민서는 콩쿠르를 앞두고 매주 월요일, 수요일, 금요일
마다 피아노 연습을 합니다. 콩쿠르 전까지 5월에
피아노 연습하는 날은 모두 몇 번일까요? ········· ☐ 번

**6** 피아노 콩쿠르 날부터 1주일 후가 민서의 생일입니다.
민서의 생일은 몇 월 며칠일까요? ········· ☐ 월 ☐ 일

4. 시각과 시간 **133**

**1년 = 12개월**

| 1월 | | | | | | |
|---|---|---|---|---|---|---|
| 일 | 월 | 화 | 수 | 목 | 금 | 토 |
| 1 | 2 | 3 | 4 | 5 | 6 | 7 |
| 8 | 9 | 10 | 11 | 12 | 13 | 14 |
| 15 | 16 | 17 | 18 | 19 | 20 | 21 |
| 22 | 23 | 24 | 25 | 26 | 27 | 28 |
| 29 | 30 | 31 | | | | |

| 2월 | | | | | | |
|---|---|---|---|---|---|---|
| 일 | 월 | 화 | 수 | 목 | 금 | 토 |
| | | | 1 | 2 | 3 | 4 |
| 5 | 6 | 7 | 8 | 9 | 10 | 11 |
| 12 | 13 | 14 | 15 | 16 | 17 | 18 |
| 19 | 20 | 21 | 22 | 23 | 24 | 25 |
| 26 | 27 | 28 | | | | |

| 3월 | | | | | | |
|---|---|---|---|---|---|---|
| 일 | 월 | 화 | 수 | 목 | 금 | 토 |
| | | | 1 | 2 | 3 | 4 |
| 5 | 6 | 7 | 8 | 9 | 10 | 11 |
| 12 | 13 | 14 | 15 | 16 | 17 | 18 |
| 19 | 20 | 21 | 22 | 23 | 24 | 25 |
| 26 | 27 | 28 | 29 | 30 | 31 | |

| 4월 | | | | | | |
|---|---|---|---|---|---|---|
| 일 | 월 | 화 | 수 | 목 | 금 | 토 |
| | | | | | | 1 |
| 2 | 3 | 4 | 5 | 6 | 7 | 8 |
| 9 | 10 | 11 | 12 | 13 | 14 | 15 |
| 16 | 17 | 18 | 19 | 20 | 21 | 22 |
| 23 | 24 | 25 | 26 | 27 | 28 | 29 |
| 30 | | | | | | |

| 5월 | | | | | | |
|---|---|---|---|---|---|---|
| 일 | 월 | 화 | 수 | 목 | 금 | 토 |
| | 1 | 2 | 3 | 4 | 5 | 6 |
| 7 | 8 | 9 | 10 | 11 | 12 | 13 |
| 14 | 15 | 16 | 17 | 18 | 19 | 20 |
| 21 | 22 | 23 | 24 | 25 | 26 | 27 |
| 28 | 29 | 30 | 31 | | | |

| 6월 | | | | | | |
|---|---|---|---|---|---|---|
| 일 | 월 | 화 | 수 | 목 | 금 | 토 |
| | | | | | 1 | 2 | 3 |
| 4 | 5 | 6 | 7 | 8 | 9 | 10 |
| 11 | 12 | 13 | 14 | 15 | 16 | 17 |
| 18 | 19 | 20 | 21 | 22 | 23 | 24 |
| 25 | 26 | 27 | 28 | 29 | 30 | |

# 1년 = 12개월

\* 2월은 28일까지 있지만, 4년마다 29일이 됩니다.

## 개념 익히기

빈칸에 알맞은 수를 쓰세요.

1  2주일은 | 14 |일입니다.

2  2년은 | |개월입니다.

3  21일은 | |주일입니다.

| 7월 🍉 🍈 | | | | | | |
|---|---|---|---|---|---|---|
| 일 | 월 | 화 | 수 | 목 | 금 | 토 |
|  |  |  |  |  |  | 1 |
| 2 | 3 | 4 | 5 | 6 | 7 | 8 |
| 9 | 10 | 11 | 12 | 13 | 14 | 15 |
| 16 | 17 | 18 | 19 | 20 | 21 | 22 |
| 23 | 24 | 25 | 26 | 27 | 28 | 29 |
| 30 | 31 |  |  |  |  |  |

| 8월 | | | | | | |
|---|---|---|---|---|---|---|
| 일 | 월 | 화 | 수 | 목 | 금 | 토 |
|  |  | 1 | 2 | 3 | 4 | 5 |
| 6 | 7 | 8 | 9 | 10 | 11 | 12 |
| 13 | 14 | 15 | 16 | 17 | 18 | 19 |
| 20 | 21 | 22 | 23 | 24 | 25 | 26 |
| 27 | 28 | 29 | 30 | 31 |  |  |

| 9월 | | | | | | |
|---|---|---|---|---|---|---|
| 일 | 월 | 화 | 수 | 목 | 금 | 토 |
|  |  |  |  |  | 1 | 2 |
| 3 | 4 | 5 | 6 | 7 | 8 | 9 |
| 10 | 11 | 12 | 13 | 14 | 15 | 16 |
| 17 | 18 | 19 | 20 | 21 | 22 | 23 |
| 24 | 25 | 26 | 27 | 28 | 29 | 30 |

| 10월 | | | | | | |
|---|---|---|---|---|---|---|
| 일 | 월 | 화 | 수 | 목 | 금 | 토 |
| 1 | 2 | 3 | 4 | 5 | 6 | 7 |
| 8 | 9 | 10 | 11 | 12 | 13 | 14 |
| 15 | 16 | 17 | 18 | 19 | 20 | 21 |
| 22 | 23 | 24 | 25 | 26 | 27 | 28 |
| 29 | 30 | 31 |  |  |  |  |

| 11월 | | | | | | |
|---|---|---|---|---|---|---|
| 일 | 월 | 화 | 수 | 목 | 금 | 토 |
|  |  |  | 1 | 2 | 3 | 4 |
| 5 | 6 | 7 | 8 | 9 | 10 | 11 |
| 12 | 13 | 14 | 15 | 16 | 17 | 18 |
| 19 | 20 | 21 | 22 | 23 | 24 | 25 |
| 26 | 27 | 28 | 29 | 30 |  |  |

| 12월 | | | | | | |
|---|---|---|---|---|---|---|
| 일 | 월 | 화 | 수 | 목 | 금 | 토 |
|  |  |  |  |  | 1 | 2 |
| 3 | 4 | 5 | 6 | 7 | 8 | 9 |
| 10 | 11 | 12 | 13 | 14 | 15 | 16 |
| 17 | 18 | 19 | 20 | 21 | 22 | 23 |
| 24 | 25 | 26 | 27 | 28 | 29 | 30 |
| 31 |  |  |  |  |  |  |

# 1년 = 365일

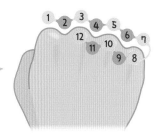

위로 솟은 곳은 큰 달(31일),
안으로 들어간 곳은 작은 달
(30일 또는 28일)

## 개념 **익히기**

정답 35쪽

04-20

날수가 같은 달끼리 짝 지은 것에 〇표 하세요. (정답 2개)

1   ( 1월, 3월 )   ( 2월, 4월 )   ( 3월, 5월 )   ( 4월, 8월 )
   ( 〇 )   ( )   ( 〇 )   ( )

2   ( 5월, 7월 )   ( 6월, 8월 )   ( 7월, 9월 )   ( 8월, 10월 )
   ( )   ( )   ( )   ( )

3   ( 7월, 11월 )   ( 10월, 12월 )   ( 11월, 1월 )   ( 7월, 8월 )
   ( )   ( )   ( )   ( )

어느 해의 8월 달력입니다. 달력을 완성하고 물음에 답하세요.

8월은 31일까지 있어.

| 일 | 월 | 화 | 수 | 목 | 금 | 토 |
|---|---|---|---|---|---|---|
|  |  |  |  |  |  | 3 |
| 4 |  | 6 | 7 |  |  |  |
|  |  |  |  |  |  | 17 |
|  |  |  |  |  | 23 |  |
|  | 26 |  |  |  |  |  |

8월

**1** 8월의 마지막 날은 며칠일까요? ······················· [ 31 ]일

**2** 9월 1일은 무슨 요일일까요? ······················· [  ]요일

**3** 7월 31일은 무슨 요일일까요? ······················· [  ]요일

**4** 8월 17일부터 8월 31일까지 전시회가 열립니다.
전시회가 열리는 기간은 며칠일까요?

세계 어린이 발명품 전시회

8월 17일 ~8월 31일

8월 17일 ~8월 31일 키 문예 회관

·························· [  ]일

**5** 채은이의 생일은 8월 23일이고, 현수의 생일은
채은이의 생일보다 14일 전입니다. 현수의 생일 ·········· [  ]월 [  ]일
은 몇 월 며칠일까요?

달력을 보고 물음에 답하세요.

11월은 30일까지 있지~

| 일 | 월 | 화 | 수 | 목 | 금 | 토 |
|---|---|---|---|---|---|---|
|  |  |  | 1 | 2 | 3 | 4 |
| 5 | 6 | 7 | 8 | 9 | 10 | 11 |
| 12 | 13 | 14 | 15 | 16 | 17 | 18 |
| 19 | 20 | 21 | 22 | 23 | 24 | 25 |

11월

**1** 11월의 마지막 일요일은 몇 월 며칠일까요? ………………… **11** 월 **26** 일

**2** 11월의 마지막 날은 무슨 요일일까요? ………………………………… ☐ 요일

**3** 대화를 읽고 박물관에 가는 날을 찾아 달력에 ○표 하세요.

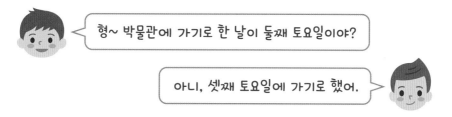

형~ 박물관에 가기로 한 날이 둘째 토요일이야?

아니, 셋째 토요일에 가기로 했어.

**4** 하온이는 매주 화요일에 미술 학원에 갑니다.
12월에 하온이가 처음으로 미술 학원에 가는 ………………… ☐ 월 ☐ 일
날은 몇 월 며칠일까요?

**1** 시계의 긴바늘을 알맞게 그리세요.

4시 45분

**4** 표를 완성하세요.

| 긴바늘이 가리키는 숫자 | 분 |
|:---:|:---:|
| 1 | 5 |
| 4 | |
| | 35 |
| | 45 |
| 11 | |

[2-3] 시계를 보고 몇 시 몇 분인지 쓰세요.

**2**

☐ 시 ☐ 분

**5** **2**가지 방법으로 시각을 읽어 보세요.

☐ 시 ☐ 분

☐ 시 ☐ 분 전

**3**

☐ 시 ☐ 분

**6** ㉠과 ㉡에 알맞은 수의 합을 구하세요.

- 시계의 긴바늘이 한 바퀴 도는 데 걸리는 시간은 ㉠ 분입니다.

- 하루는 ㉡ 시간입니다.

(         )

**7** 관계있는 것끼리 선으로 이으세요.

• 오전

• 오후

**8** 두 시계를 보고 시간이 얼마나 지났는지 시간 띠에 색칠하여 구하세요.

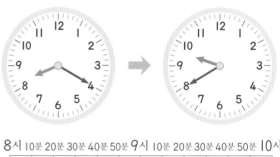

8시 10분 20분 30분 40분 50분 9시 10분 20분 30분 40분 50분 10시

☐ 시간 ☐ 분

**9** 친구들이 책을 읽은 시간을 보고, 책을 더 오래 읽은 사람부터 순서대로 기호를 쓰세요.

㉠ 지희: **2**시간
㉡ 민아: **150**분
㉢ 진호: **200**분
㉣ 현수: **1**시간 **50**분

———————————

**10** 빈칸을 알맞게 채우세요.

- **1**시간 **5**분 = ☐ 분

- **1**일 **5**시간 = ☐ 시간

**11** 오페라 공연 1부가 오후 6시에 시작했다면 2부는 몇 시 몇 분에 끝날까요?

오페라 공연 시간 안내

| 1부 | 100분 |
|---|---|
| 휴식 시간 | 20분 |
| 2부 | 90분 |

[ ]시 [ ]분

**12** 올바른 문장을 모두 찾아 기호를 쓰세요.

⊙ 1년은 12개월입니다.
ⓛ 일주일은 10일입니다.
ⓒ 9월의 날수는 31일입니다.
ⓔ 날수가 가장 적은 달은 2월입니다.

( )

**13** 각 달의 날수를 쓰세요.

· 6월 → [ ]일

· 12월 → [ ]일

[14-16] 어느 해의 2월 달력입니다. 물음에 답하세요.

**2월**

| 일 | 월 | 화 | 수 | 목 | 금 | 토 |
|---|---|---|---|---|---|---|
|  |  |  |  | 1 | 2 | 3 |
| 4 | 5 | 6 | 7 | 8 | 9 | 10 |
| 11 | 12 | 13 | 14 | 15 | 16 | 17 |
| 18 | 19 | 20 | 21 | 22 | 23 | 24 |
| 25 | 26 | 27 | 28 |  |  |  |

**14** 2월에는 토요일이 몇 번 있을까요?

[ ]번

**15** 윤서의 생일은 2월 셋째 목요일입니다. 윤서의 생일은 몇 월 며칠일까요?

[ ]월 [ ]일

**16** 대박 마트에서는 매주 월요일과 금요일에 할인 판매를 합니다. 대박 마트에서 2월 한 달 동안 할인 판매를 모두 몇 번 할까요?

[ ]번

**17** 텃밭 가꾸기와 걸린 시간이 같은 활동에 ○표 하세요.

| 텃밭 가꾸기 | 9:30 ~ 11:10 |

| 종이접기 | 1:20 ~ 2:00 |
| 쿠키 만들기 | 2:00 ~ 3:20 |
| 영화 보기 | 3:40 ~ 5:20 |

**18** 크리스마스인 12월 25일에서 일주일 후는 몇 월 며칠일까요?

□ 월 □ 일

✏️서술형

**19** 지희는 7월 1일부터 8월 31일까지 매일 수영 연습을 했습니다. 지희가 수영 연습을 한 날은 모두 며칠인지 풀이 과정을 쓰고, 답을 구하세요.

풀이

답 □ 일

✏️서술형

**20** 어제 오전 11시에 인터넷으로 책을 주문했더니, 오늘 오후 3시에 책을 택배로 받았습니다. 책을 사서 도착하기까지 걸린 시간은 몇 시간인지 풀이 과정을 쓰고, 답을 구하세요.

풀이

답 □ 시간

## 상상력 키우기

 하루 중에서 무엇을 할 때 가장 즐거운지
그 시각과 내용을 써 보세요.

예) 나는 오후 5시 30분에 TV로 만화 영화를 보는 것이 가장 즐겁습니다.

나는 _____ _____
　　　　　　 몇 시에 　　　　　　　　　　　 무엇을 할 때

가장 즐겁습니다.

 여러분의 생일은 몇 월 며칠인가요?
또, 올해에는 생일이 무슨 요일인가요?

# 5 표와 그래프

**이 단원에서 배울 내용**

- 자료를 조사하고 표와 그래프로 나타내기

1 자료를 분류하여 표로 나타내기

2 자료를 조사하는 방법

3 그래프로 나타내기

4 표와 그래프의 내용

# 1. 자료를 분류하여 표로 나타내기

우리 반 학생들이 방과후학교에 참여하는 요일

## 자료

- 조사한 각각의 내용이 자료입니다.
  위에서는 월요일, 수요일, 화요일, 금요일, 화요일, …이 자료입니다.
- 음식 재료를 가지고 요리를 만드는 것처럼 자료는 표를 만들기
  위한 재료입니다.

방과후학교에 참여하는 요일별 학생 수

가 〰〰〰〰〰〰 로

세 〰〰 로

| 요일 | 월요일 | 화요일 | 수요일 | 목요일 | 금요일 | 합계 |
|---|---|---|---|---|---|---|
| 학생 수 (명) | 2 | 3 | 5 | 2 | 3 | 15 |

## 표

- 표를 볼 때는 가로가 의미하는 것과 세로가 의미하는 것을 모두 봐야 합니다.

- 자료에서 찾기 힘들었던 정보를 표에서는 쉽게 찾을 수 있습니다.
  예) 가장 많은 학생이 방과후학교에 참여하는 요일은 수요일입니다.

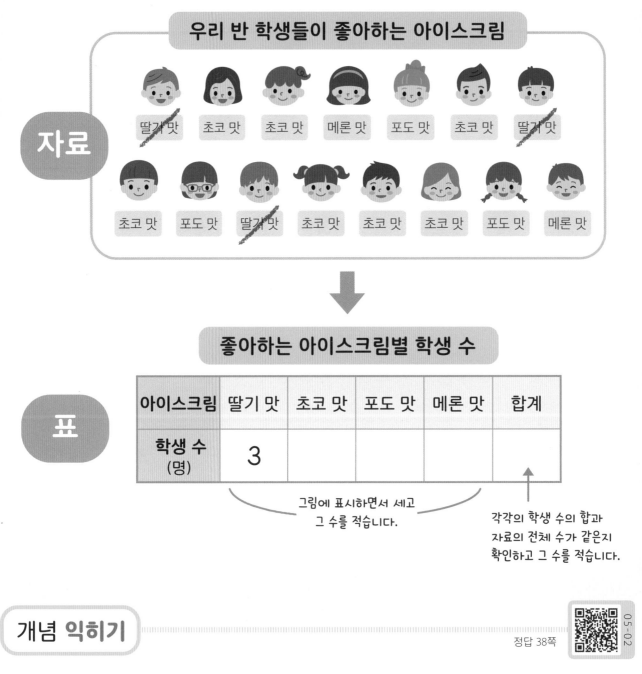

자료

우리 반 학생들이 좋아하는 아이스크림

딸기맛  초코 맛  초코 맛  메론 맛  포도 맛  초코 맛  딸기맛

초코 맛  포도 맛  딸기맛  초코 맛  초코 맛  초코 맛  포도 맛  메론 맛

좋아하는 아이스크림별 학생 수

표

| 아이스크림 | 딸기 맛 | 초코 맛 | 포도 맛 | 메론 맛 | 합계 |
|---|---|---|---|---|---|
| 학생 수 (명) | 3 | | | | |

그림에 표시하면서 세고
그 수를 적습니다.

각각의 학생 수의 합과
자료의 전체 수가 같은지
확인하고 그 수를 적습니다.

## 개념 익히기

정답 38쪽

05-02

위의 표를 완성하고 물음에 답하세요.

**1** 딸기 맛 아이스크림을 좋아하는 학생은 몇 명일까요? ⋯⋯⋯⋯⋯ ( **3** ) 명

**2** 가장 많은 학생들이 좋아하는 아이스크림은 무슨 맛일까요? ⋯⋯ ( ) 맛

**3** 우리 반 학생은 모두 몇 명일까요? ⋯⋯⋯⋯⋯⋯⋯⋯⋯⋯⋯⋯ ( ) 명

그림을 보고 표로 나타내세요.

자료의 개수를 셀 때
실수하지 않도록
/표시하면서 세어 봐!

## 1

### 사용한 조각 수

| 모양 | 원 | 반쪽 원 | 사각형 | 합계 |
|---|---|---|---|---|
| 조각 수(개) | 5 | | | |

## 2

### 학생들이 좋아하는 TV 프로그램

### 좋아하는 TV 프로그램별 학생 수

| TV 프로그램 | 정글의 규칙 | 달리는 맨 | 도시 낚시 | 열렬한 사제 | 합계 |
|---|---|---|---|---|---|
| 학생 수(명) | | | | | |

## 3

### 음표 수

| 음표 | ♪ | ♩ | ♩ | 합계 |
|---|---|---|---|---|
| 음표 수(개) | | | | |

## 개념 쏙쏙 손 들기 아니면 종이에 적기

조사할 내용에 따라 조사하는 방법이 달라집니다.

### 종류가 정해져 있는 경우

예 좋아하는 계절
태어난 달
혈액형

 손을 들어서 조사

### 종류가 정해져 있지 않은 경우

예 방학 때 가 보고 싶은 곳
장래 희망
좋아하는 만화

 종이 에 적어서 조사

조사한 내용을 표로 나타냅니다.

제목

|  |  |  |  |  | 합계 |
|---|---|---|---|---|---|
| 학생 수(명) |  |  |  |  |  |

## 개념 익히기

정답 38쪽

손을 들어서 조사하는 것이 어울리면 ♀, 종이에 적어서 조사하는 것이 어울리면 ☐를 그리세요.

**1** 가장 좋아하는 음식 ·················································· ( ☐ )

**2** 국어, 영어, 수학 중에 좋아하는 과목 ·················· ( )

**3** 가장 좋아하는 수 ·················································· ( )

## 개념 다지기

그림을 보고 알맞은 말에 ○표 하고, 표를 완성하세요.

조사한 항목이 몇 개인지
세어 보고
표의 칸을 나누어 봐~

**1** ( 손을 들어서 , 종이에 써서 ) 좋아하는 요일을 조사했습니다.

**2**

### 좋아하는 요일별 학생 수

| 요일 | 월요일 | 화요일 | 수요일 | 목요일 | 금요일 | 토요일 | 일요일 | 합계 |
|---|---|---|---|---|---|---|---|---|
| 학생 수(명) | 0 | 1 | 3 | 1 | 4 | 8 | | 24 |

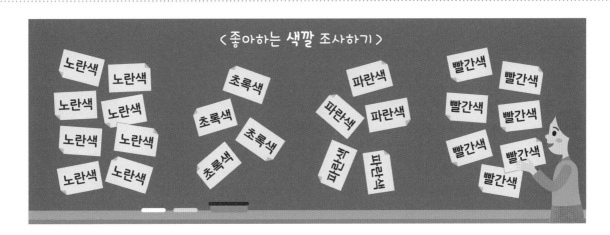

**3** ( 손을 들어서 , 종이에 써서 ) 좋아하는 색깔을 조사했습니다.

**4**

### 좋아하는 색깔별 학생 수

| 색깔 | | 합계 |
|---|---|---|
| 학생 수(명) | | |

# 3. 그래프로 나타내기

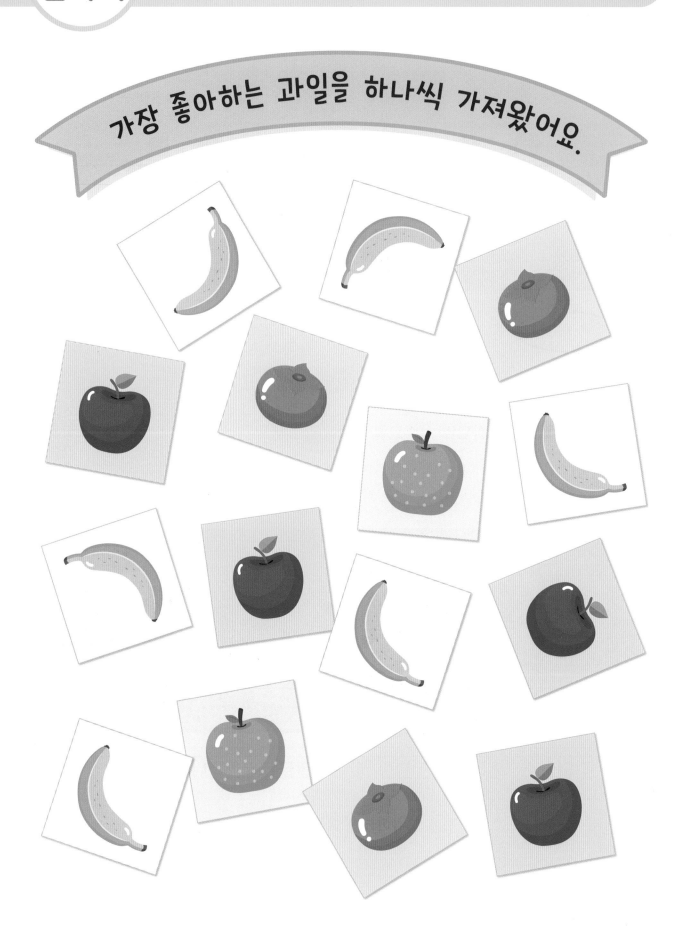

가장 좋아하는 과일을 하나씩 가져왔어요.

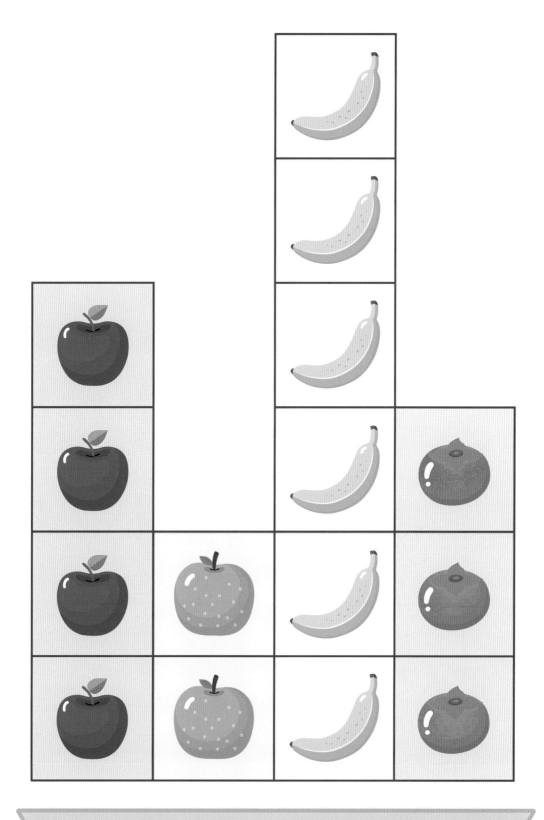

같은 종류끼리 분류했어요.

## 개념 쏙쏙 — 자료를 그림으로! 그래프!

### 좋아하는 과일별 학생 수

**표**

| 과일 | 사과 | 배 | 바나나 | 감 | 합계 |
|---|---|---|---|---|---|
| 학생 수(명) | 4 | 2 | 6 | 3 | 15 |

**그래프**

자료를 간단한 그림이나 도형으로 나타낸 것입니다.

> 그래프에서는 가장 많은 것, 가장 적은 것을 한눈에 찾을 수 있어!

### 좋아하는 과일별 학생 수

| 학생 수(명) \ 과일 | 사과 | 배 | 바나나 | 감 |
|---|---|---|---|---|
| 6 | | | ○ | |
| 5 | | | ○ | |
| 4 | ○ | | ○ | |
| 3 | ○ | | ○ | ○ |
| 2 | ○ | ○ | ○ | ○ |
| 1 | ○ | ○ | ○ | ○ |

또는

### 좋아하는 과일별 학생 수

| 과일 \ 학생 수(명) | 1 | 2 | 3 | 4 | 5 | 6 |
|---|---|---|---|---|---|---|
| 감 | ○ | ○ | ○ | | | |
| 바나나 | ○ | ○ | ○ | ○ | ○ | ○ |
| 배 | ○ | ○ | | | | |
| 사과 | ○ | ○ | ○ | ○ | | |

### 그래프로 나타낼 때 주의할 점

- **세로**로 나타낼지, **가로**로 나타낼지 정하기
- 그래프의 **제목**을 꼭 쓰기
- 그래프에 ○, ×, / 중 하나를 선택하여 **한 칸에 하나씩** 그리기
- 세로로 나타낸 그래프는 아래에서 위로,
  가로로 나타낸 그래프는 왼쪽에서 오른쪽으로 **빈칸 없이** 그리기

우리 반 학생들이 체험 학습으로 가고 싶은 장소를 조사하여
표로 나타냈습니다. 물음에 답하세요.

 그래프는 가로로 나타낼
수도 있고, 세로로 나타낼
수도 있어!

**가고 싶은 체험 학습 장소별 학생 수**

| 장소 | 고궁 | 미술관 | 공연장 | 놀이공원 | 합계 |
|---|---|---|---|---|---|
| 학생 수(명) | 3 | 2 | 5 | 7 | 17 |

**1** 표를 보고 ◯를 이용하여 그래프로 나타내세요.

**가고 싶은 체험 학습 장소별 학생 수**

| 7 | | | | |
|---|---|---|---|---|
| 6 | | | | |
| 5 | | | | |
| 4 | | | | |
| 3 | ◯ | | | |
| 2 | ◯ | | | |
| 1 | ◯ | | | |
| 학생 수(명) / 장소 | 고궁 | 미술관 | 공연장 | 놀이공원 |

**2** 위 그래프의 세로에 나타낸 것은 무엇일까요?　　　　　（　　　　　）

**3** 다음 중 설명이 옳은 것에 ◯표, 틀린 것에 ✕표 하세요.

① 그래프를 세로로 나타낼 때, 위에서부터 빈칸 없이 표시를 합니다. ……… (　　　)

② 그래프에서 가로와 세로를 바꾸어 나타낼 수 있습니다. ……………… (　　　)

③ 가장 많은 학생들이 가고 싶은 장소는 미술관입니다. ………………… (　　　)

표를 보고 그래프로 나타냈습니다. 틀린 이유를 쓰고 바르게 그리세요.

**1**

**좋아하는 과목별 학생 수**

| 과목 | 국어 | 수학 | 체육 | 미술 | 합계 |
|------|------|------|------|------|------|
| 학생 수(명) | 3 | 5 | 6 | 2 | 16 |

**좋아하는 과목별 학생 수**

| 학생 수(명) \ 과목 | 국어 | 수학 | 체육 | 미술 |
|------|------|------|------|------|
| 6 | | | ○ | ○ |
| 5 | | ○ | ○ | |
| 4 | ○ | ○ | ○ | ○ |
| 3 | ○ | ○ | ○ | |
| 2 | ○ | ○ | ○ | |
| 1 | | ○ | ○ | |

**좋아하는 과목별 학생 수**

| 학생 수(명) \ 과목 | 국어 | 수학 | 체육 | 미술 |
|------|------|------|------|------|
| 6 | | | | |
| 5 | | | | |
| 4 | | | | |
| 3 | | | | |
| 2 | | | | |
| 1 | | | | |

**틀린 이유** 예) 아래부터 ○를 빈칸 없이 그려야 하는데 빠진 칸이 있습니다.

**2**

**한 달 동안 읽은 종류별 책 수**

| 책 | 동화책 | 백과사전 | 역사책 | 위인전 | 과학책 | 합계 |
|------|------|------|------|------|------|------|
| 책 수(권) | 6 | 2 | 3 | 4 | 5 | 20 |

**한 달 동안 읽은 종류별 책 수**

| 책 수(권) \ 책 | 동화책 | 백과사전 | 역사책 | 위인전 | 과학책 |
|------|------|------|------|------|------|
| 5 | ○○ | | | | ○ |
| 4 | ○ | | | ○ | ○ |
| 3 | ○ | | ○ | ○ | ○ |
| 2 | ○ | ○ | ○ | ○ | ○ |
| 1 | ○ | ○ | ○ | ○ | ○ |

**한 달 동안 읽은 종류별 책 수**

| 책 수(권) \ 책 | 동화책 | 백과사전 | 역사책 | 위인전 | 과학책 |
|------|------|------|------|------|------|
| 6 | | | | | |
| 5 | | | | | |
| 4 | | | | | |
| 3 | | | | | |
| 2 | | | | | |
| 1 | | | | | |

**틀린 이유**

한 칸에 하나씩
빈칸 없이 그리기!

**3**

### 우리 집 냉장고에 있는 과일 수

| 과일 | 사과 | 배 | 감 | 귤 | 합계 |
|---|---|---|---|---|---|
| 수(개) | 2 | 1 | 3 | 5 | 11 |

#### 우리 집 냉장고에 있는 과일 수

| 과일\수(개) | 1 | 2 | 3 | 4 | 5 |
|---|---|---|---|---|---|
| 귤 | / | / | / | / | / |
| 감 | | | / | / | / |
| 배 | | | | | / |
| 사과 | | | | / | / |

#### 우리 집 냉장고에 있는 과일 수

| 과일\수(개) | 1 | 2 | 3 | 4 | 5 |
|---|---|---|---|---|---|
| 귤 | | | | | |
| 감 | | | | | |
| 배 | | | | | |
| 사과 | | | | | |

틀린 이유

_____

**4**

### 좋아하는 피자별 학생 수

| 피자 | 불고기 | 페퍼로니 | 새우 | 베이컨 | 고구마 | 합계 |
|---|---|---|---|---|---|---|
| 학생 수(명) | 5 | 2 | 5 | 3 | 4 | 19 |

#### 좋아하는 피자별 학생 수

| 피자\학생 수(명) | 1 | 2 | 3 | 4 | 5 |
|---|---|---|---|---|---|
| 고구마 | × | | × | | |
| 베이컨 | × | | × | | × |
| 새우 | × | | × | × | × |
| 페퍼로니 | × | × | × | × | × |
| 불고기 | × | × | × | × | × |

#### 좋아하는 피자별 학생 수

| 피자\학생 수(명) | 1 | 2 | 3 | 4 | 5 |
|---|---|---|---|---|---|
| 고구마 | | | | | |
| 베이컨 | | | | | |
| 새우 | | | | | |
| 페퍼로니 | | | | | |
| 불고기 | | | | | |

틀린 이유

_____

## 개념 펼치기

정답 40쪽

가로로 할지, 세로로 할지
그래프의 방향부터 정해~

은주네 반 학생들이 좋아하는 운동을 조사하여
표로 나타냈습니다. 표를 보고 그래프로 나타내세요.

### 좋아하는 운동별 학생 수

| 운동 | 달리기 | 줄넘기 | 축구 | 배드민턴 | 합계 |
|------|--------|--------|------|----------|------|
| 학생 수(명) | 2 | 5 | 6 | 4 | 17 |

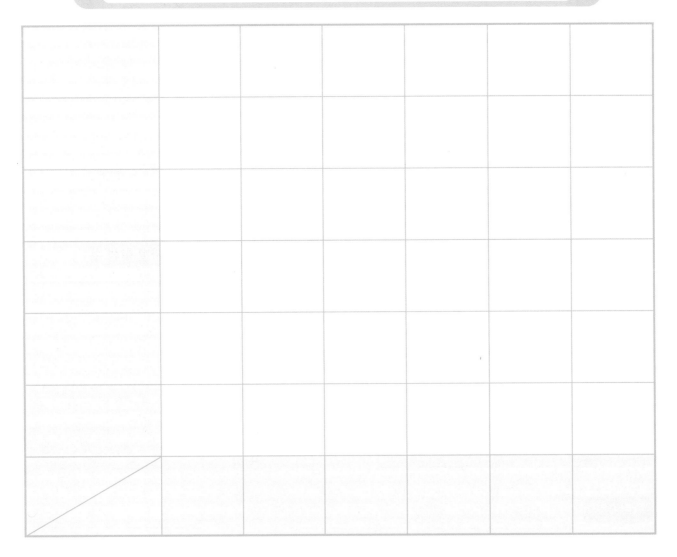

## 개념 펼치기

지민이네 반 학생들이 도서관을 이용하는 요일을 조사하였습니다.
자료를 보고 물음에 답하세요.

자료를 표로!
표를 그래프로!

**지민이네 반 학생들이 도서관을 이용하는 요일**

| 이름 | 요일 | 이름 | 요일 | 이름 | 요일 | 이름 | 요일 |
|---|---|---|---|---|---|---|---|
| 지민 | 목요일 | 윤상 | 금요일 | 문정 | 월요일 | 준규 | 수요일 |
| 인호 | 수요일 | 다윤 | 금요일 | 재혁 | 목요일 | 영아 | 금요일 |
| 나라 | 금요일 | 은비 | 화요일 | 채원 | 수요일 | 호중 | 목요일 |
| 기석 | 월요일 | 현이 | 수요일 | 세민 | 금요일 | 대희 | 월요일 |

**1** 조사한 자료를 보고 표로 나타내세요.

**도서관을 이용하는 요일별 학생 수**

| 요일 | 월요일 | 화요일 | 수요일 | 목요일 | 금요일 | 합계 |
|---|---|---|---|---|---|---|
| 학생 수 (명) | 3 | | | | | |

**2** 표를 보고 ✕를 이용하여 그래프로 나타내세요.

**도서관을 이용하는 요일별 학생 수**

| | | | | |
|---|---|---|---|---|
| | | | | |
| | | | | |
| | | | | |
| | | | | |

요일
학생 수(명)

## 표와 그래프를 보는 방법

좋아하는 급식 디저트별 학생 수

| 디저트 | 마카롱 | 요구르트 | 과일 | 초콜릿 | 젤리 | 합계 |
| --- | --- | --- | --- | --- | --- | --- |
| 학생 수(명) | 7 | 1 | 3 | 4 | 5 | 20 |

**표**에서는 종류별 자료의 수와 전체 자료의 수를 쉽게 알 수 있습니다.

좋아하는 급식 디저트별 학생 수

| 학생 수 (명) / 디저트 | 마카롱 | 요구르트 | 과일 | 초콜릿 | 젤리 |
| --- | --- | --- | --- | --- | --- |
| 7 | ○ | | | | |
| 6 | ○ | | | | |
| 5 | ○ | | | | ○ |
| 4 | ○ | | | ○ | ○ |
| 3 | ○ | | ○ | ○ | ○ |
| 2 | ○ | | ○ | ○ | ○ |
| 1 | ○ | ○ | ○ | ○ | ○ |

좋아하는 급식 디저트의 종류

**그래프**에서는 가장 많은 것과 가장 적은 것을 한눈에 알 수 있습니다.

➡ <좋아하는 급식 디저트별 학생 수>의 자료를 통해 마카롱을 급식 디저트로 정하는 것이 좋겠습니다.

## 개념 익히기

정답 40쪽

위의 표와 그래프를 보고 물음에 답하세요.

**1** 급식 디저트 중에서 과일을 좋아하는 학생은 몇 명일까요?     ( **3** )명

**2** 3명보다 더 많은 학생이 좋아하는 급식 디저트를 모두 쓰세요.

( )

**3** 표와 그래프 중에서 전체 학생 수를 알아보기 편리한 것은 무엇일까요?

( )

## 개념 다지기

정답 40쪽

꿀맛 베이커리에서 오늘 팔린 빵의 수를 조사하여 그래프로 나타냈습니다. 물음에 답하세요.

○의 개수가 많을수록 많이 팔린 거야~

### 꿀맛 베이커리에서 오늘 팔린 종류별 빵의 수

| 빵 / 팔린 수(개) | 1 | 2 | 3 | 4 | 5 | 6 | 7 | 8 | 9 | 10 | 11 | 12 |
|---|---|---|---|---|---|---|---|---|---|---|---|---|
| 꽈배기 | ○ | ○ | ○ | ○ | ○ | ○ | ○ | ○ | ○ | | | |
| 치즈빵 | ○ | ○ | ○ | ○ | ○ | ○ | ○ | ○ | | | | |
| 팥빵 | ○ | ○ | ○ | ○ | ○ | ○ | | | | | | |
| 피자빵 | ○ | ○ | ○ | ○ | ○ | ○ | ○ | ○ | ○ | ○ | ○ | ○ |
| 크림빵 | ○ | ○ | ○ | ○ | ○ | ○ | ○ | ○ | ○ | ○ | | |

**1** 꿀맛 베이커리에서 오늘 팔린 빵의 종류는 몇 가지일까요? ( **5** )가지

**2** 꿀맛 베이커리에서 오늘 가장 많이 팔린 빵은 무엇일까요? ( )

**3** 꿀맛 베이커리에서 오늘 가장 적게 팔린 빵은 무엇일까요? ( )

**4** 위의 그래프를 보고 알 수 있는 사실에 ○표, 그렇지 않은 것에 ✕표 하세요.

① 꿀맛 베이커리에서 오늘 두 번째로 많이 팔린 빵의 수 ·····················( )

② 꿀맛 베이커리에 마지막으로 온 손님이 사 간 빵의 종류 ·····················( )

③ 오늘 팔린 크림빵 수와 치즈빵 수의 차 ·································( )

④ 꿀맛 베이커리에 어제 왔던 손님의 수 ·································( )

## 개념 다지기

정답 41쪽

학급별로 텃밭에서 키우고 싶은 채소를 조사하여
표로 나타냈습니다. 물음에 답하세요.

2개의 표를 보면서
비교해 봐~

### 지아네 반 학생들이 키우고 싶은 채소별 학생 수

| 채소 | 감자 | 고구마 | 오이 | 상추 | 양파 | 합계 |
|---|---|---|---|---|---|---|
| 학생 수(명) | 5 | 7 | 4 | 4 | 2 | 22 |

### 서진이네 반 학생들이 키우고 싶은 채소별 학생 수

| 채소 | 감자 | 고구마 | 오이 | 상추 | 양파 | 합계 |
|---|---|---|---|---|---|---|
| 학생 수(명) | 3 | 5 | 1 | 6 | 4 | |

**1** 지아네 반과 서진이네 반의 학생 수는 몇 명인지 표의 빈칸을 알맞게 채우세요.

**2** 지아네 반과 서진이네 반에서 감자를 키우고 싶어하는 학생 수는 모두 몇 명일까요?

(          )명

**3** <서진이네 반 학생들이 키우고 싶은 채소별 학생 수>를 그래프로 나타낼 때,
가로에 학생 수를 쓴다면 세로에 무엇을 써야 할까요?

(          )

**4** 학급 텃밭에서 한 가지 채소를 키운다면 무엇을 키울지 정하고, 그 이유를 쓰세요.

지아네 반 _____        서진이네 반 _____

이유 _____

단체 도시락을 주문하기 위해 학생들이 좋아하는 도시락 메뉴를 조사하여 그래프로 나타냈습니다. 물음에 답하세요.

> 표의 세로와 가로에 나타낸 것이 각각 무엇인지부터 살펴봐~

### 좋아하는 도시락 메뉴별 학생 수

| | 김밥 | 주먹밥 | 유부초밥 | 샌드위치 |
|---|---|---|---|---|
| 8 | | | | ○ |
| 7 | ○ | | | ○ |
| 6 | ○ | | | ○ |
| 5 | ○ | | | ○ |
| 4 | ○ | ○ | | ○ |
| 3 | ○ | ○ | ○ | ○ |
| 2 | ○ | ○ | ○ | ○ |
| 1 | ○ | ○ | ○ | ○ |
| ㉠ / ㉡ | 김밥 | 주먹밥 | 유부초밥 | 샌드위치 |

**1** 그래프에서 ㉠, ㉡에 알맞은 말을 쓰세요.

㉠: <u>학생 수</u>　　　　㉡: _____

**2** 위의 그래프를 보고 알 수 있는 사실에 ○표, 그렇지 않은 것에 ✕표 하세요.

① 조사에 응답한 학생 수 ·······························( 　　 )

② 오늘 김밥을 먹은 학생 수 ·························( 　　 )

③ 가장 많은 학생들이 좋아하는 도시락 메뉴 ···········( 　　 )

**3** 빈칸에 알맞은 말을 쓰세요.

단체 도시락은 주먹밥으로 할까?

그것보단 가장 많은 학생들이 좋아하는 [ 　　　　 ]를 주문하는 게 좋겠어!

개념 마무리

[1-4] 승희네 모둠 학생들이 키우고 싶은 애완동물을 조사했습니다. 물음에 답하세요.

### 키우고 싶은 애완동물

| 이름 | 애완동물 | 이름 | 애완동물 |
|---|---|---|---|
| 승희 | 강아지 | 강우 | 고양이 |
| 도현 | 고양이 | 나리 | 강아지 |
| 주원 | 강아지 | 태호 | 햄스터 |
| 민아 | 햄스터 | 예은 | 고양이 |
| 규호 | 고슴도치 | 수빈 | 강아지 |

**1** 태호가 키우고 싶은 애완동물은 무엇일까요?

( )

**2** 자료를 보고 표로 나타내어 보세요.

### 키우고 싶은 애완동물별 학생 수

| 애완동물 | 고양이 | 강아지 | 고슴도치 | 햄스터 | 합계 |
|---|---|---|---|---|---|
| 학생 수 (명) | | | | | |

**3** 가장 많은 학생들이 키우고 싶은 애완동물은 무엇일까요?

( )

**4** 조사한 학생은 모두 몇 명일까요?

( )명

[5-6] 어느 해 5월의 날씨를 조사했습니다. 물음에 답하세요.

### 5월의 날씨

| 일 | 월 | 화 | 수 | 목 | 금 | 토 |
|---|---|---|---|---|---|---|
| | | | 1 ☀ | 2 ☀ | 3 ☂ | 4 ☁ |
| 5 ☀ | 6 ☀ | 7 ☁ | 8 ☂ | 9 ☁ | 10 ☂ | 11 ☀ |
| 12 ☁ | 13 ☀ | 14 ☂ | 15 ☁ | 16 ☀ | 17 ☂ | 18 ☀ |
| 19 ☀ | 20 ☁ | 21 ☀ | 22 ☂ | 23 ☀ | 24 ☂ | 25 ☂ |
| 26 ☀ | 27 ☀ | 28 ☁ | 29 ☀ | 30 ☁ | 31 ☂ | |

☀ 맑음  ☁ 흐림  ☂ 비

**5** 자료를 보고 표로 나타내어 보세요.

### 5월 날씨별 일수

| 날씨 | ☀ | ☁ | ☂ | 합계 |
|---|---|---|---|---|
| 일수(일) | | | | |

**6** 5월 중 가장 적었던 날씨는 무엇일까요?

( )

**7** 색깔별로 10개씩 있던 연결 모형을 몇 개 잃어버리고, 남은 것의 수를 표로 나타냈습니다. 빈칸을 알맞게 채우세요.

| 색깔 | 빨간색 | 노란색 | 보라색 | 합계 |
|---|---|---|---|---|
| 연결 모형 수(개) | 10 | 7 | 9 | 26 |

□색 □개,

□색 □개가 없어졌습니다.

**[8-10]** 주사위를 10번 굴려서 나온 눈의 횟수를 조사하여 그래프로 나타냈습니다. 물음에 답하세요.

**주사위를 굴려 나온 눈의 횟수**

| 나온 횟수(번) 주사위 눈 | 1 | 2 | 3 | 4 |
|---|---|---|---|---|
| ⚀ | ○ | | | |
| ⚁ | | | | |
| ⚂ | ○ | ○ | | |
| ⚃ | ○ | ○ | ○ | ○ |
| ⚄ | ○ | ○ | | |
| ⚅ | ○ | | | |

**8** 그래프의 가로와 세로에는 각각 어떤 내용을 나타내고 있을까요?

* 가로: (              )

* 세로: (              )

**9** 가장 많이 나온 주사위 눈에 ○표 하세요.

**10** 한 번도 나오지 않은 주사위 눈에 △표 하세요.

**[11-13]** 정우네 반 학생들의 혈액형을 조사하여 나타낸 표입니다. 물음에 답하세요.

**혈액형별 학생 수**

| 혈액형 | A | B | O | AB | 합계 |
|---|---|---|---|---|---|
| 학생 수(명) | 10 | | 2 | 5 | 25 |

**11** 표의 빈칸을 알맞게 채우세요.

**12** 위의 표를 그래프로 나타내려고 합니다. ○를 이용하여 아래부터 위로 표시하려면 그래프의 가로와 세로에 각각 무엇을 써야 할까요?

* 가로: (              )

* 세로: (              )

**13** 표를 보고 ○를 아래부터 위로 표시하여 그래프로 나타내세요.

**혈액형별 학생 수**

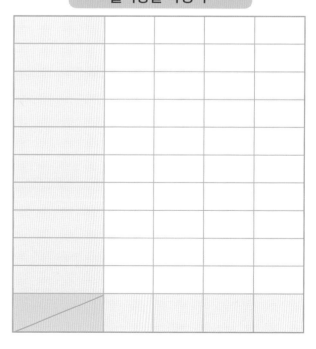

5. 표와 그래프  **163**

## 개념 마무리

[14-18] 별빛 카페에서 오늘 팔린 음료의 수를 조사하여 나타낸 표입니다. 물음에 답하세요.

**별빛 카페에서 오늘 팔린 음료의 수**

| 음료 | 주스 | 차 | 우유 | 코코아 | 합계 |
|------|------|-----|------|--------|------|
| 팔린 수 (잔) | 11 | 7 | 8 | | |

**14** 오늘 팔린 음료는 모두 **40**잔입니다. 표의 빈칸을 알맞게 채우세요.

**15** 표를 보고 ◯를 이용하여 그래프로 나타내세요.

**별빛 카페에서 오늘 팔린 음료의 수**

| 14 | | | | |
|----|--|--|--|--|
| 13 | | | | |
| 12 | | | | |
| 11 | | | | |
| 10 | | | | |
| 9 | | | | |
| 8 | | | | |
| 7 | | | | |
| 6 | | | | |
| 5 | | | | |
| 4 | | | | |
| 3 | | | | |
| 2 | | | | |
| 1 | | | | |
| 팔린 수 (잔) \ 음료 | 주스 | 차 | 우유 | 코코아 |

**16** 10잔보다 많이 팔린 음료를 모두 쓰세요.

(                 )

**17** 표와 그래프를 보고 **알 수 없는** 사실을 모두 골라 기호를 쓰세요.

> ㉠ 오늘 하루 동안 가장 적게 팔린 음료의 종류
>
> ㉡ 어제 가장 많이 팔린 음료의 종류
>
> ㉢ 오늘 첫 번째로 온 손님이 산 음료의 종류
>
> ㉣ 오늘 10잔보다 적게 팔린 음료의 종류
>
> ㉤ 오늘 팔린 음료 가격의 합계

(                 )

**18** 알맞은 말에 ◯표 하세요.

> • 별빛 카페에서 오늘 팔린 음료의 전체 수를 알아보기에 편한 것은 ( 표 , 그래프 )입니다.
>
> • 별빛 카페에서 오늘 두 번째로 많이 팔린 음료가 무엇인지 한눈에 알아보기에 편한 것은 ( 표 , 그래프 )입니다.

**19** 각 모둠별로 받은 칭찬 스티커 수를 조사하여 나타낸 그래프입니다. 스티커 10개마다 선물을 받을 때, 선물을 받지 못한 모둠은 어느 모둠인지 쓰세요.

**모둠별 칭찬 스티커의 수**

| 스티커 수 (개) \ 모둠 | 1모둠 | 2모둠 | 3모둠 |
|---|---|---|---|
| 14 | | | |
| 13 | | / | |
| 12 | | / | |
| 11 | / | / | |
| 10 | / | / | |
| 9 | / | / | / |
| 8 | / | / | / |
| 7 | / | / | / |
| 6 | / | / | / |
| 5 | / | / | / |
| 4 | / | / | / |
| 3 | / | / | / |
| 2 | / | / | / |
| 1 | / | / | / |

( 　　　　　 )

서술형

**20** 승현이네 반 학생들이 좋아하는 책을 조사하여 나타낸 그래프입니다.

**좋아하는 책별 학생 수**

| 학생 수 (명) \ 책 | 과학책 | 위인전 | 동화책 | 역사책 |
|---|---|---|---|---|
| 8 | | | | |
| 7 | | | ○ | |
| 6 | | | ○ | |
| 5 | | ○ | ○ | |
| 4 | ○ | ○ | ○ | ○ |
| 3 | ○ | ○ | ○ | ○ |
| 2 | ○ | ○ | ○ | ○ |
| 1 | ○ | ○ | ○ | ○ |

승현이네 반 학급 문고에 책을 더 사려고 한다면 어떤 책을 사야 좋을지 쓰고, 이유를 설명해 보세요.

답 _____

이유
_____
_____
_____
_____

# 상상력 키우기

**1** 친구들의 혈액형을 조사해서 표를 만들어 보세요.

| 혈액형 | A | B | AB | O | 합계 |
|---|---|---|---|---|---|
| 학생 수(명) | | | | | |

**2** 위에서 조사한 표를 그래프로 나타내 보세요.

| 10 | | | | |
|---|---|---|---|---|
| 9 | | | | |
| 8 | | | | |
| 7 | | | | |
| 6 | | | | |
| 5 | | | | |
| 4 | | | | |
| 3 | | | | |
| 2 | | | | |
| 1 | | | | |
| 학생 수(명) / 혈액형 | A | B | AB | O |

# 6 규칙 찾기

**이 단원에서 배울 내용**

• 무늬와 모양에서의 규칙 찾기, 덧셈표와 곱셈표에서 규칙 찾기

1 한 줄 규칙 찾기

2 여러 줄 규칙 찾기

3 복잡한 규칙 찾기

4 쌓은 모양에서 규칙 찾기 (1)

5 쌓은 모양에서 규칙 찾기 (2)

6 덧셈표에서 규칙 찾기

7 곱셈표에서 규칙 찾기

8 생활에서 규칙 찾기

## 개념 쏙쏙 모양과 색깔을 따로따로 관찰

규칙이 1가지 : 첫째 모양이 다시 나오는 곳 앞에서 끊었을 때
무늬가 반복되는지 아닌지 관찰하기

→ ■ , ▲ , ● 이 반복되는 규칙입니다.

규칙이 2가지 : 모양과 색깔을 따로따로 살펴보고 반복되는 부분 찾기

• 모양 : □ , △ , ○ 이 반복되는 규칙

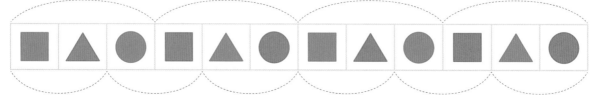

• 색깔 : 파란색, 빨간색이 반복되는 규칙

## 개념 익히기

정답 43쪽

규칙을 찾아 빈칸에 들어갈 모양을 그리고 색칠하세요.

1

2

3

## 개념 다지기

규칙을 찾아 빈칸을 알맞게 채우세요.

모양과 색깔을
따로따로 살펴봐~

**1**

**규칙** ◯, △이 반복되고, 노란색, 연두색, **연두** 색이 반복되는 규칙

입니다.

**2**

**규칙** ☐이 반복되고, ☐색, 분홍색, 분홍색, 보라색이 반복되는 규

칙입니다.

**3**

**규칙** ☐, ⇨, ☐이 반복되고, 연두색, ☐색이 반복되는

규칙입니다.

**4**

**규칙** ◺, ☐, ☐이 반복되고, 파란색, ☐색이 반복되는

규칙입니다.

# 제일 윗줄부터 살펴보기

- **여러 줄로 된 무늬에서 규칙 찾는 방법**

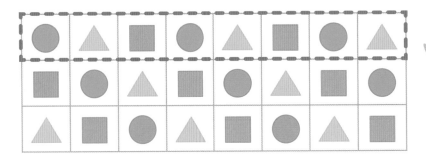

우선, 첫째 줄만
떼어놓고 살펴보자!

① 한 줄 무늬에서 규칙을 찾는 방법대로 반복되는 부분을 찾아요.

규칙 ●, ▲, ■이 반복되는 규칙

② 반복되는 부분이 다음 줄로 넘어가면서 이어질 수도 있어요.

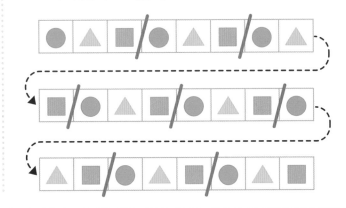

## 개념 익히기

무늬에서 반복되는 부분을 찾아 ○표 하세요.

**1**

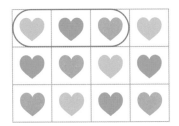

**2**

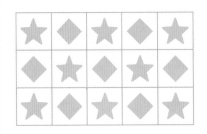

**3**

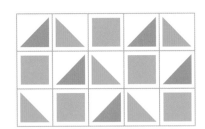

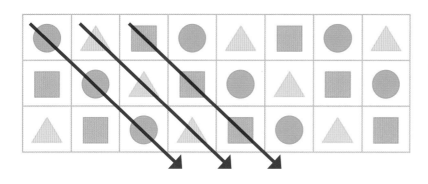

이렇게 생각할 수도 있어~

**규칙** ↘방향으로 같은 모양이 반복되는 규칙

| 1 | 2 | 3 | 1 | 2 | 3 | 1 | 2 |
|---|---|---|---|---|---|---|---|
| 3 | 1 | 2 | 3 | 1 | 2 | 3 | 1 |
| 2 | 3 | 1 | 2 | 3 | 1 | 2 | 3 |

●=1, ▲=2, ■=3 으로 바꾸어 나타내도 같은 규칙을 찾을 수 있어요.

## 개념 **익히기**

정답 43쪽

아래 그림에서 🍫은 1, 🍰는 2, 🍔는 3으로 바꾸어 나타내 보세요.

**1**

| 1 | 2 | 3 | 1 | 2 |
|---|---|---|---|---|
|  |  |  |  |  |
|  |  |  |  |  |

**2**

| | | | | |
|---|---|---|---|---|
|  |  |  |  |  |
|  |  |  |  |  |

정답 44쪽

그림을 보고 물음에 답하세요.

우선 첫째 줄만
살펴보고 규칙을 찾기!

**1**

(1) 규칙을 찾아 색칠하세요.

(2) 규칙에 따라 빈 □를 알맞게 색칠하세요.

**2**

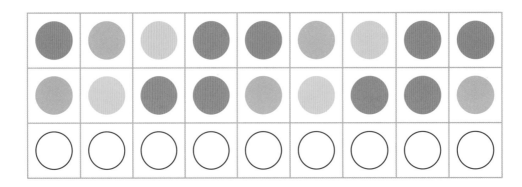

(1) 규칙에 따라 빈 ○를 알맞게 색칠하세요.

(2) 위 그림에서 ●은 1, ●은 2, ○은 3으로 바꾸어 나타내 보세요.

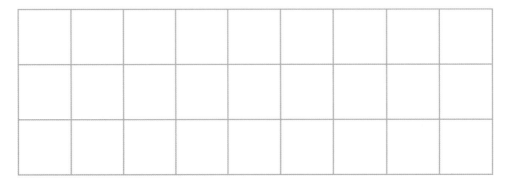

## 개념 **다지기**

정답 44쪽

반복되는 무늬에 ◯표 하고, 규칙을 찾아 그림을 완성해 보세요.

반복되는 부분이 다음 줄로
넘어갈 수도 있어~

**1**

**2**

**3**

**4**

**5**

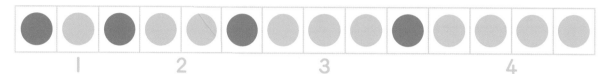

## 개념 쏙쏙 첫째 모양과 같은 것 찾기

**모양의 개수가 많아지는 경우** : 같은 모양이 연속해서 나오면
그 개수를 세어 보기

→ ● 사이에 있는 ○이 1개, 2개, 3개, 4개, …로 늘어납니다.

**모양이 돌아가는 경우** : 모양이 **시계 방향**으로 돌아가는지,
**시계 반대 방향**으로 돌아가는지 살펴보기

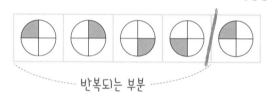

└── 반복되는 부분

→ 주황색으로 색칠된 부분이
시계 방향으로 돌아갑니다.

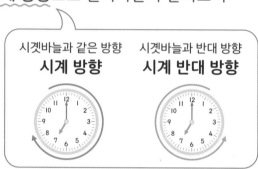

시곗바늘과 같은 방향
**시계 방향**

시곗바늘과 반대 방향
**시계 반대 방향**

## 개념 익히기

정답 44쪽

규칙을 찾아 / 표시를 하고, 괄호 안에서 알맞은 말에 ○표 하세요.

**1**

→ ( 모양이 돌아가는 , (모양의 개수가 많아지는) ) 규칙입니다.

**2**

→ ( 모양이 반복되는 , 모양의 개수가 많아지는 ) 규칙입니다.

**3**

→ ( 모양이 돌아가는 , 모양의 개수가 많아지는 ) 규칙입니다.

# 개념 **다지기**

규칙을 찾아 틀린 부분에 ✕표 하세요.

모양이 변하는지, 개수가
변하는지 잘 살펴봐~

**1** 색깔이 반복되는 규칙

**2** 모양이 반복되는 규칙

**3** 모양이 돌아가는 규칙

**4** 모양의 개수가 많아지는 규칙

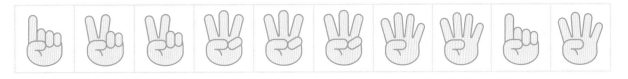

**5** 색깔이 반복되는 규칙

**6** 모양의 개수가 많아지는 규칙

규칙을 찾아 빈칸에 들어갈 알맞은 모양을 그리거나 색칠해 보세요.

**1**

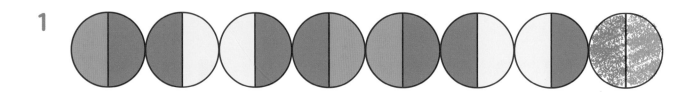

**2**

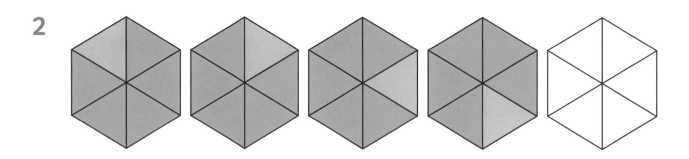

**3**

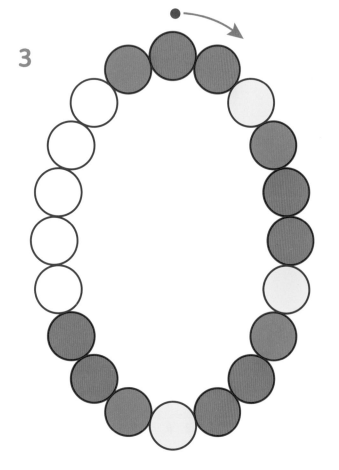

**4**

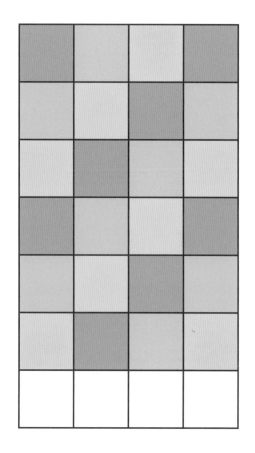

색깔 규칙인지
모양 규칙인지
둘 다인지 살펴봐~

**5**

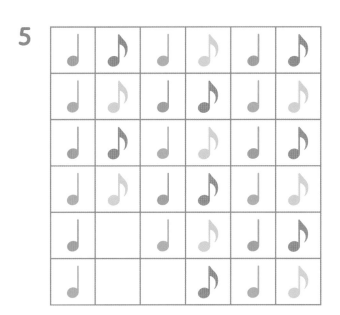

**6**

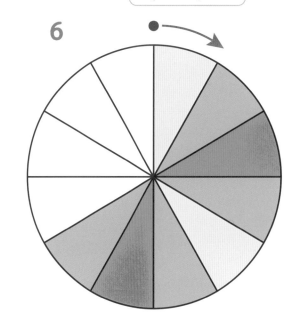

**7**

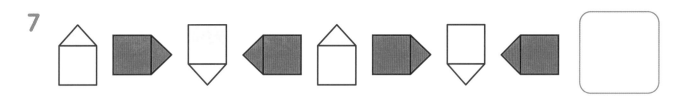

**8**

**9**

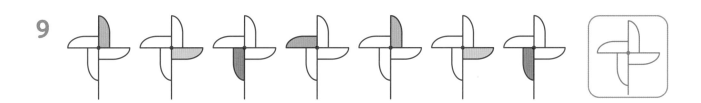

**10**

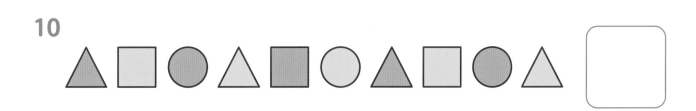

# 반복되는 규칙

쌓기나무에서 규칙을 찾을 때도
첫째 모양이 다시 나오는 곳 앞에서 끊어 보기!

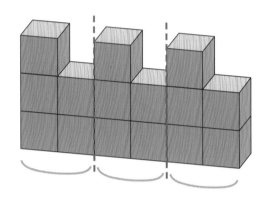

→ 쌓기나무의 수가 왼쪽에서 오른쪽으로
**3개, 2개**씩 반복되는 규칙입니다.

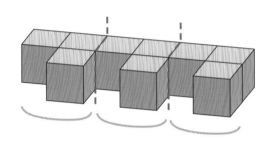

→ 쌓기나무의 수가 왼쪽에서 오른쪽으로
**1개, 2개**씩 반복되는 규칙입니다.

또는 **'ㄱ'자 모양**이 반복되는 규칙입니다.

## 개념 익히기

정답 45쪽

쌓은 모양에서 규칙을 찾아 빈칸을 알맞게 채우세요.

**1**

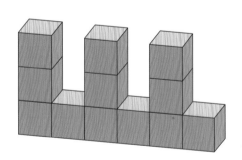

→ 쌓기나무의 수가 왼쪽에서
오른쪽으로 ⬜3 개, ⬜ 개씩
반복됩니다.

**2**

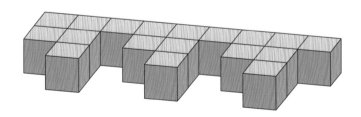

→ 쌓기나무의 수가 왼쪽에서 오른쪽으로
⬜ 개, ⬜ 개, ⬜ 개씩 반복됩니다.

정답 45쪽

쌓기나무로 쌓은 모양을 보고 규칙을 쓰세요.

반복되는 부분이
어디인지 찾아봐~

**1**

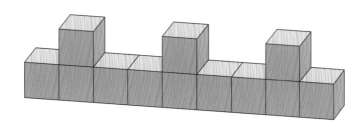

규칙 예 쌓기나무의 수가 왼쪽에서 오른쪽으로 1개, 2개, 1개씩 반복됩니다.

예 'ㅗ'자 모양이 반복됩니다.

**2**

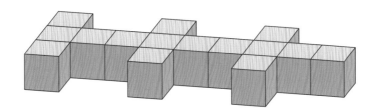

규칙

_____

**3**

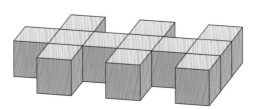

규칙

_____

**4**

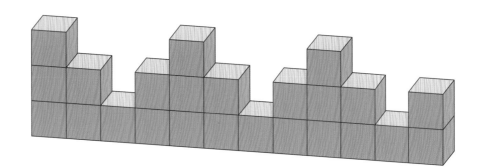

규칙

_____

## 개념 쏙쏙  늘어나는 규칙

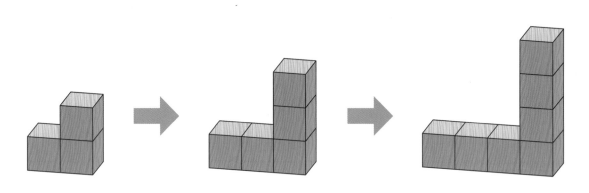

쌓기나무가 **왼쪽에 1개, 위쪽에 1개씩** 늘어나는 규칙입니다.

늘어나는 규칙을 쓸 때는~

**어디에, 얼마만큼씩** 늘어나는지 쓰기!

## 개념 익히기

정답 46쪽

규칙을 찾아 물음에 답하세요.

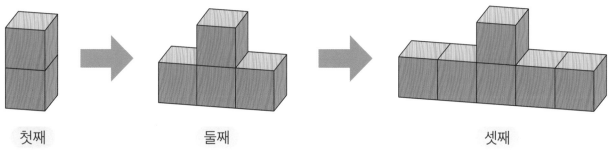

첫째          둘째              셋째

**1** 쌓기나무가 몇 개씩 늘어나고 있을까요? ······················ (    2    )개

**2** 셋째 모양에서 쌓기나무는 모두 몇 개일까요? ························ (         )개

**3** 다음에 이어질 모양에서 쌓기나무는 모두 몇 개일까요? ··········· (         )개

빈칸에 들어갈 모양을 보기 에서 찾아 기호를 쓰세요.
그 모양을 만드는 데 필요한 쌓기나무의 개수는 몇 개일까요?

우선 어느 쪽이
변하고 있는지부터
찾아봐!

보기

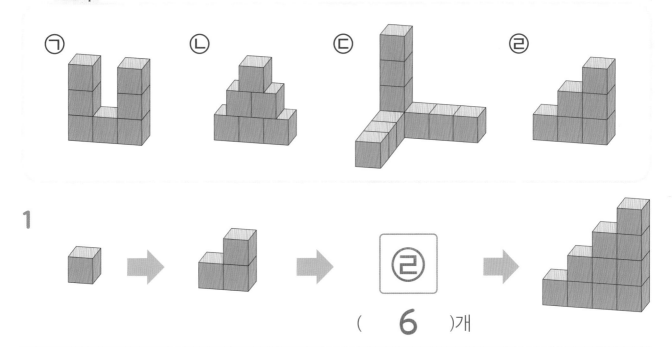

**1**

(　6　)개

**2**

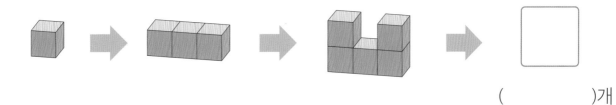

(　　　)개

**3**

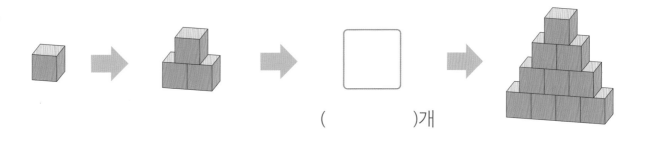

(　　)개

**4**

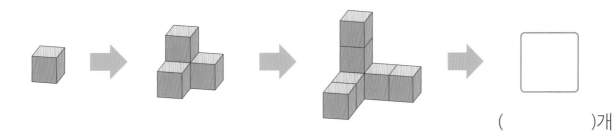

(　　　)개

| + | 0 | 1 | 2 | 3 | 4 | 5 | 6 |
|---|---|---|---|---|---|---|---|
| 0 | 0 | 1 | 2 | 3 | 4 | 5 | 6 |
| 1 | 1 | 2 | 3 | 4 | 5 | 6 | 7 |
| 2 | 2 | 3 | 4 | | | | |
| 3 | 3 | 4 | | 6 | | | |
| 4 | 4 | 5 | | | 8 | | |
| 5 | 5 | 6 | | | | 10 | |
| 6 | 6 | 7 | | | | | 12 |

오른쪽으로 갈수록 1씩 커지는 규칙

어느 쪽으로 갈수록 어떻게 변하는지 생각해 봐~

아래쪽으로 갈수록 1씩 커지는 규칙

↘방향으로 갈수록 2씩 커지는 규칙

## 개념 **익히기**

정답 46쪽

위의 덧셈표를 완성하고, 덧셈표에 대한 설명으로 알맞은 말에 ◯표 하세요.

**1**   같은 줄에서 ( 위쪽으로 , (아래쪽으로) ) 갈수록 1씩 커지는 규칙이 있습니다.

**2**   같은 줄에서 왼쪽으로 갈수록 1씩 ( 커지는 , 작아지는 ) 규칙이 있습니다.

**3**   ↙ 방향으로 ( 같은 , 다른 ) 수들이 있는 규칙이 있습니다.

# 개념 **다지기**

덧셈표를 완성하고, 규칙을 찾아 알맞은 말을 쓰세요.

주어진 방향으로 갈수록
수가 커질까, 작아질까?

**1**

| +  | 2  | 4  | 6  | 8  | 10 |
|----|----|----|----|----|----|
| 2  | 4  | 6  | 8  | 10 | 12 |
| 4  | 6  | 8  | 10 | 12 | 14 |
| 6  | 8  | 10 | 12 |    |    |
| 8  | 10 | 12 |    |    |    |
| 10 | 12 |    |    |    |    |

**규칙**

같은 줄에서 아래쪽으로 갈수록

___2씩 커지는___ 규칙이

있습니다.

**2**

| +  | 1  | 3  | 5  | 7  | 9  |
|----|----|----|----|----|----|
| 1  | 2  | 4  | 6  | 8  | 10 |
| 3  | 4  | 6  | 8  |    |    |
| 5  | 6  | 8  |    |    |    |
| 7  | 8  |    |    |    |    |
| 9  |    |    |    |    |    |

**규칙**

같은 줄에서 오른쪽으로 갈수록

_____ 규칙이

있습니다.

**3**

| +  | 1  | 3  | 5  | 7  | 9  |
|----|----|----|----|----|----|
| 2  | 3  | 5  | 7  |    |    |
| 4  | 5  | 7  |    |    |    |
| 6  | 7  |    |    |    |    |
| 8  |    |    |    |    |    |
| 10 |    |    |    |    |    |

**규칙**

↙ 방향으로

_____ 규칙이

있습니다.

정답 47쪽

덧셈표의 빈칸을 알맞게 채우고, 규칙 1가지를 찾아 쓰세요.

우선 방향을 하나 정하고, 방향에 따라 수가 어떻게 변하는지 살펴봐~

**1**

| + | 1 | 2 | 3 | 4 |
|---|---|---|---|---|
| 4 | 5 | 6 | 7 | 8 |
|   | 6 | 7 |   | 9 |
|   | 7 |   | 9 |   |
|   | 8 | 9 |   |   |

규칙

예 ↘방향으로 갈수록 2씩
커지는 규칙이 있습니다.

**2**

| + | 1 |   |   |   |
|---|---|---|---|---|
| 4 | 5 | 6 | 7 | 8 |
|   | 7 |   |   |   |
|   | 9 |   |   |   |
|   | 11 |   |   |   |

규칙

**3**

| + | 4 |   |   | 1 |
|---|---|---|---|---|
|   | 5 | 4 | 3 | 2 |
| 2 |   |   | 4 |   |
| 3 |   | 6 |   |   |
|   | 8 |   |   |   |

규칙

덧셈표에서 규칙을 찾아 빈칸을 알맞게 채우세요.

보이지 않지만 규칙에
따라서 표는 계속
이어지고 있는 거야~

| + | 1 | 2 | 3 | 4 | |
|---|---|---|---|---|---|
| 1 | 2 | 3 | 4 | 5 | 6 |
| 3 | 4 | 5 | 6 | 7 | 8 |
| 5 | 6 | 7 | 8 | 9 | |
| 7 | 8 | 9 | 10 | 11 | |
| | 10 | 11 | 12 | 13 | |
| | 11 | 12 | 13 | 15 | 16 | 17 |

**1**

| 12 | 13 | 14 | 15 |
|----|----|----|----|
| 14 | 15 | 16 | 17 |

**2**

| | | |
|----|----|---|
| 16 | 17 | |
| | 19 | |

**3**

| | | | 36 |
|---|---|---|----|
| | | | 38 |
| | 38 | | |
| | | 41 | |

**4**

| | 42 | | |
|---|----|----|---|
| | | 45 | |
| 45 | | | |

6. 규칙 찾기  185

## 개념 쏙쏙 두 수가 만나는 곳에 곱

| × | 1 | 2 | 3 | 4 | 5 | 6 | 7 | 8 | 9 |
|---|---|---|---|---|---|---|---|---|---|
| 1 | 1 | 2 | 3 | 4 | 5 | 6 | 7 | 8 | 9 |
| 2 | 2 | 4 | 6 | 8 | 10 | 12 | 14 | 16 | 18 |
| 3 | 3 | 6 | 9 | 12 | 15 | 18 | 21 | 24 | 27 |
| 4 | 4 | 8 | 12 | 16 | 20 | | 28 | | 36 |
| 5 | 5 | 10 | 15 | 20 | 25 | 30 | | 40 | 45 |
| 6 | 6 | 12 | 18 | | | 36 | 42 | | 54 |
| 7 | 7 | | 21 | 28 | | 42 | | 56 | 63 |
| 8 | 8 | 16 | | 32 | 40 | | | 64 | 72 |
| 9 | 9 | | 27 | | | 54 | | | 81 |

②단 곱셈구구
2씩 커지는 규칙입니다.

2단, 4단, 6단, 8단 곱셈구구에 있는 수는 모두 짝수네~

⑨단 곱셈구구
9씩 커지는 규칙입니다.

## 개념 익히기

정답 47쪽

위의 곱셈표를 완성하고, 곱셈표에 대한 설명으로 알맞은 말에 ◯표 하세요.

**1** ▬▬ 안에 있는 수의 십의 자리 숫자는 1씩 ( (커집니다) , 작아집니다 ).

**2** ▬▬ 안에 있는 수는 모두 ( 짝수 , 홀수 )입니다.

**3** ⬭ 안에 있는 수는 같은 수를 ( 2번 , 3번 ) 곱한 것입니다.

# 개념 다지기

정답 47쪽

곱셈표를 완성하세요.

곱셈구구 노래를 부르면서
한 줄씩 빈칸을 채워 봐~

**1**

| × | 1 | 2 | 3 | 4 | 5 | 6 | 7 | 8 | 9 |
|---|---|---|---|---|---|---|---|---|---|
| 2 | 2 | 4 | 6 | 8 |  | 12 |  |  |  |
| 3 | 3 | 6 | 9 |  | 15 |  |  | 24 |  |

**2**

| × | 1 | 2 | 3 | 4 | 5 | 6 | 7 | 8 | 9 |
|---|---|---|---|---|---|---|---|---|---|
| 4 | 4 |  | 12 |  |  |  | 28 |  | 36 |
| 5 |  | 10 |  |  | 25 | 30 |  |  |  |

**3**

| × | 1 | 2 | 3 | 4 | 5 | 6 | 7 | 8 | 9 |
|---|---|---|---|---|---|---|---|---|---|
| 6 |  |  | 18 |  | 30 |  |  |  |  |
| 7 |  | 14 |  |  |  | 42 |  |  |  |

**4**

| × | 1 | 2 | 3 | 4 | 5 | 6 | 7 | 8 | 9 |
|---|---|---|---|---|---|---|---|---|---|
| 8 |  |  |  | 32 |  |  |  | 64 |  |
| 9 |  |  |  |  | 45 |  | 63 |  |  |

곱셈표의 빈칸을 알맞게 채우고, 물음에 답하세요.

색칠한 곳에 들어가는
수들을 살펴봐~

**1**

| × | 1 | 2 | 3 | 4 |
|---|---|---|---|---|
| 1 | 1 | 2 | 3 | 4 |
| 2 | 2 | 4 |  |  |
| 3 |  |  |  |  |
| 4 |  |  |  |  |

(1) ▆▆▆으로 색칠된 곳의 규칙을 완성하세요.

➡ ⬜ 쪽으로 ⬜ 씩 커집니다.

(2) ▆▆▆으로 색칠된 곳과 규칙이 같은 **세로줄**을 찾아 ◯표 하세요.

**2**

| × | 2 | 3 | 4 | 5 |
|---|---|---|---|---|
| 2 |  |  |  |  |
| 3 |  |  |  |  |
| 4 |  |  |  |  |
| 5 |  |  |  |  |

(1) ▐ 으로 색칠된 곳의 규칙을 완성하세요.

➡ ⬜ 쪽으로 ⬜ 씩 커집니다.

(2) ▐ 으로 색칠된 곳과 규칙이 같은 **가로줄**을 찾아 ◯표 하세요.

**3**

| × | 1 | 3 | 5 | 7 |
|---|---|---|---|---|
| 1 |  |  |  |  |
| 3 |  |  |  |  |
| 5 |  |  |  |  |
| 7 |  |  |  |  |

▨▨ 으로 칠해진 곳의 수를 따라 곧은 선을 긋고 선을 따라 접었을 때, 만나는 수는 서로 어떤 관계일까요?

규칙 _____

_____

정답 48~49쪽

곱셈표에서 규칙을 찾아 빈칸을 알맞게 채우세요.

한 줄을 정해서 몇 단
곱셈구구의 수인지 살펴봐~

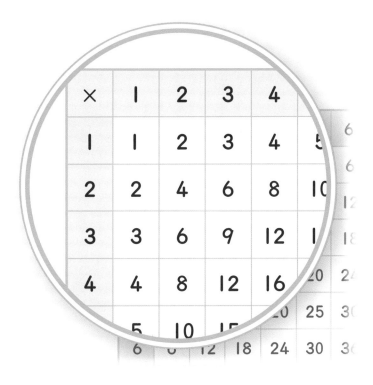

**1**

| 18 | 24 | 30 | 36 |
|----|----|----|----|
| 21 | 28 | 35 | 42 |

**2**

| 6 | 8 |    |
|---|----|----|
| 9 | 12 | 15 |
|   |    | 20 |

**3**

|   |    |    | 36 |
|---|----|----|----|
|   |    | 40 | 45 |
|   | 42 | 48 |    |
|   | 49 |    | 63 |

**4**

|    |    | 28 | 32 | 36 |
|----|----|----|----|----|
|    | 30 | 35 |    |    |
|    |    | 42 |    |    |
| 42 |    |    |    |    |

## 개념 쏙쏙  →, ↓, ↘, ↙ 방향 규칙

달력, 극장의 좌석표 등 생활에서 **규칙**을 찾을 수 있습니다.

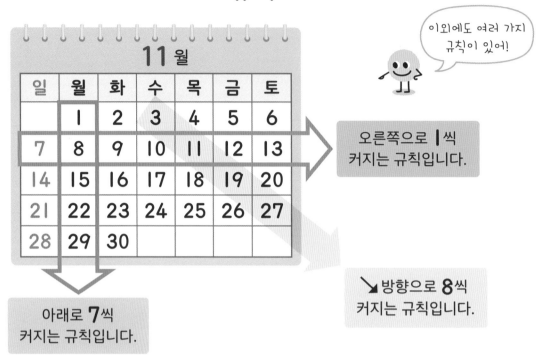

이외에도 여러 가지 규칙이 있어!

오른쪽으로 **1**씩 커지는 규칙입니다.

↘방향으로 **8**씩 커지는 규칙입니다.

아래로 **7**씩 커지는 규칙입니다.

## 개념 익히기

정답 50쪽

극장 의자 번호를 보고 물음에 답하세요.

스크린

| 가1 | 가2 | 가3 | 가4 | 가5 | 가6 | 가7 | 가8 | 가9 |
| 나1 | 나2 | 나3 | 나4 | 나5 | 나6 | 나7 | | 나9 |
| 다1 | 다2 | 다3 | 다4 | 다5 | 다6 | 다7 | 다8 | 다9 |
| 라1 | 라2 | 라3 | 라4 | | 라6 | 라7 | 라8 | 라9 |

**1** 세로는, 앞줄에서부터 **가**, **나**, **다**, ...와 같이 (한글이), 숫자가 ) 순서대로 적혀 있는 규칙입니다.

**2** 가로는, 왼쪽에서부터 **1**, **2**, **3**, ...과 같이 ( 한글이 , 숫자가 ) 순서대로 적혀 있는 규칙입니다.

**3** 색칠한 칸에 들어갈 번호는 무엇일까요?

□ : □    🟦 : □

## 개념 **다지기**

정답 50쪽

그림에서 규칙을 찾아 빈칸을 알맞게 채우세요.

설명하는 방향을 따라서
선을 그려 봐~

**1** 전화기 숫자판의 수

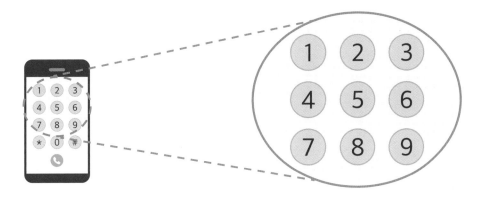

(1) → 방향: 1씩 **커지는** 규칙이 있습니다.

(2) ↓ 방향: ☐ 씩 커지는 규칙이 있습니다.

(3) ↘ 방향: ☐ 씩 커지는 규칙이 있습니다.

**2** 승강기 버튼의 수

(1) → 방향: 1씩 ☐ 규칙이 있습니다.

(2) ↓ 방향: ☐ 씩 작아지는 규칙이 있습니다.

(3) ↙ 방향: ☐ 씩 ☐ 규칙이 있습니다.

## 개념 다지기

정답 50쪽

그림을 보고 물음에 답하세요.

 일주일은 7일이었지~

**1**

### 4월

| 일 | 월 | 화 | 수 | 목 | 금 | 토 |
|---|---|---|---|---|---|---|
|  | 1 | 2 | 3 | 4 | 5 | 6 |
| 7 | 8 | 9 | 10 | 11 | 12 | 13 |
| 14 | 15 | 16 | 17 | 18 | 19 | 20 |
| 21 | 22 | 23 | 24 | 25 | 26 | 27 |
| 28 | 29 | 30 |  |  |  |  |

(1) 토요일은 ⎡7⎤ 일마다 반복됩니다.

(2) ↙ 방향으로 ☐ 씩 커지는 규칙이 있습니다.

---

**2**

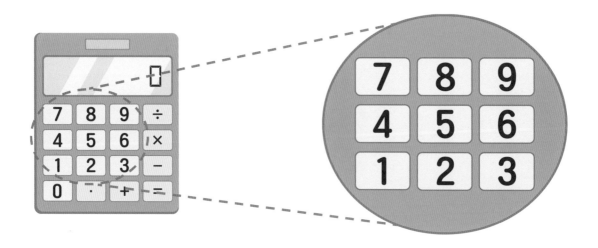

(1) ↘ 방향으로 ☐ 씩 작아지는 규칙이 있습니다.

(2) ↑ 방향으로 ☐ 씩 커지는 규칙이 있습니다.

그림을 보고 물음에 답하세요.

생활 속에서도 규칙을
찾아볼 수 있어.

## 1

### 버스 출발 시각

| 춘천행 | 7시 | 7시 15분 | 7시 30분 | 7시 45분 | 8시 |
|---|---|---|---|---|---|
| 대전행 | 7시 40분 | 8시 | 8시 20분 | 8시 40분 | 9시 |

(1) 춘천행 버스는 [ 15 ] 분마다 출발하는 규칙입니다.

(2) 대전행 버스는 [   ] 분마다 출발하는 규칙입니다.

(3) 태민이네 가족은 대전으로 여행을 가려고 합니다. 태민이네 가족이 **9시 5분**에 버스 터미널에 도착하여 가장 빨리 출발하는 버스를 탔다면, 몇 시 몇 분에 출발하는 버스를 탔을까요?

[   ]시 [   ]분

## 2

무대

첫째  둘째  셋째 ……

가 열  ①  ②  ③  ④  ⑤  ⑥

나 열  ⑫  ⑬  ⑭

13번은 나 열
둘째 자리야!

(1) 은우의 자리는 **34**번입니다. 어느 열의 몇째 자리일까요?  [   ] 열 [   ]째

(2) 서희의 자리는 **라 열**의 일곱째입니다. 서희가 앉을 의자 번호는 몇 번일까요?

[   ]번

[1-2] 덧셈표를 보고 물음에 답하세요.

| + | 1 | 3 | 5 | 7 | 9 |
|---|---|---|---|---|---|
| 4 | 5 | 7 | 9 | | |
| 5 | 6 | 8 | | 12 | |
| 6 | 7 | | 11 | | 15 |
| 7 | | 10 | | 14 | 16 |
| 8 | | | 13 | 15 | 17 |

**1** 빈칸을 알맞게 채워 덧셈표를 완성하세요.

**2** ⬛ 으로 칠해진 곳의 규칙을 설명할 수 있도록 빈칸에 알맞은 수를 쓰세요.

> ↘ 방향으로 갈수록 ☐ 씩 커지는 규칙이 있습니다.

**3** 다음은 승강기 숫자판의 일부입니다.

이 승강기가 있는 건물이 **20**층까지 있다면, **20**층 버튼은 몇 층 버튼 위에 있을까요?

☐ 층 버튼 위

**4** 규칙을 찾아 빈 곳을 알맞게 색칠하세요.

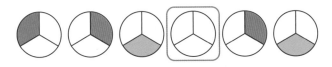

**5** 규칙을 찾아 빈칸에 들어갈 모양을 고르세요.

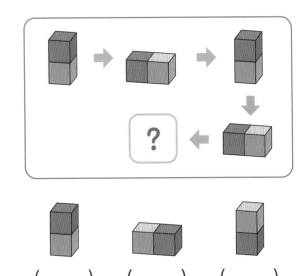

( ) ( ) ( )

**6** 진호가 상자에 담긴 공의 규칙에 따라 공을 더 채워 넣으려고 합니다.

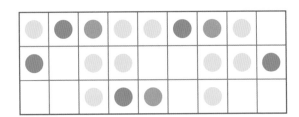

진호가 채워 넣은 공 중에서 가장 많은 것은 어떤 색이고, 몇 개일까요?

☐ 색, ☐ 개

[7-8]  모양으로 규칙적인 무늬를 만들려고 합니다. 물음에 답하세요.

**7** 규칙을 찾아 빈칸에 알맞은 모양을 그리세요.

**8** 사용된 모양을 ▲은 **3**, ■은 **4**, ♥는 **5**로 바꾸어 나타내세요.

| 3 | 4 | 4 | 5 | 3 | | | | |
|---|---|---|---|---|---|---|---|---|

**9** 선희가 **7**월 달력을 만들고 있습니다. 이 달력의 **7**월 **21**일은 무슨 요일일까요?

**7월**

| 일 | 월 | 화 | 수 | 목 | 금 | 토 |
|---|---|---|---|---|---|---|
| | | 1 | 2 | 3 | 4 | 5 |
| 6 | 7 | 8 | 9 | | | |
| | | | | | | |
| | | | | | | |
| | | | | | | |
| | | | | | | |

요일

**10** 규칙을 찾아 빈칸에 들어갈 쌓기나무 모양에 ◯표 하세요.

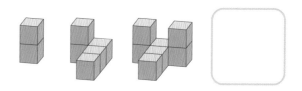

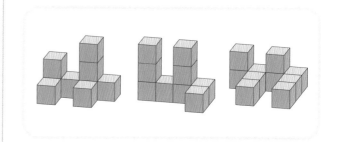

**11** 별 모양과 하트 모양 구슬을 규칙에 따라 꿰고 있습니다.

**5**개를 더 꿰어 마무리한다면, 마지막 구슬의 모양은 다음 중 어느 것인지 ◯표 하세요.

**[12-13]** 도영이네 가족은 고속버스를 타고 부산에 계신 할아버지 댁을 방문합니다. 물음에 답하세요.

**부산행 고속버스 출발 시각**

| 10시 | 12시 | 2시 |
|---|---|---|
| 10시 30분 | 12시 30분 | 2시 30분 |
| 11시 | 1시 | 3시 |
| 11시 30분 | 1시 30분 | 3시 30분 |

**12** 빈칸에 알맞은 수를 쓰세요.

부산행 고속버스는 ☐ 분마다 출발하는 규칙이 있습니다.

**13** 도영이네 가족은 11시 8분에 버스 터미널에 도착하여 가장 빨리 출발하는 버스를 탔습니다. 도영이네 가족은 몇 시 몇 분에 출발하는 버스를 탔을까요?

☐시 ☐분

**[14-15]** 도영이네 가족이 탄 고속버스의 의자 배치도를 보고 물음에 답하세요.

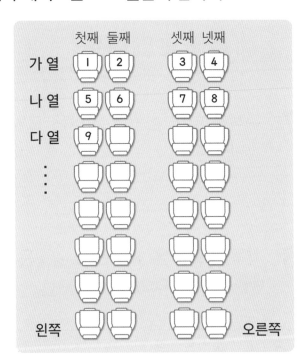

**14** 둘째 세로줄에 있는 의자 번호들의 규칙을 올바르게 설명한 것을 찾아 기호를 쓰세요.

㉠ 의자 번호는 모두 홀수입니다.
㉡ 의자 번호는 아래쪽으로 4씩 커집니다.
㉢ 모든 번호가 4단 곱셈구구입니다.

( )

**15** 도영이와 동생은 **바 열**의 셋째, 넷째 의자에 앉았습니다. 도영이와 동생의 의자 번호는 각각 몇 번일까요?

☐번, ☐번

**[16-17]** 곱셈표를 보고 물음에 답하세요.

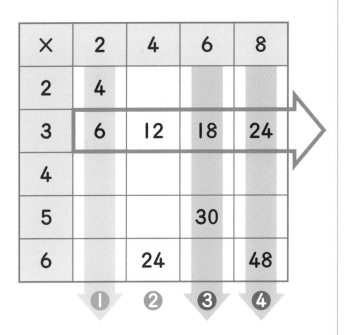

**16** 빈칸을 알맞게 채워 곱셈표를 완성하세요.

**17**  에서 나타나는 규칙을 가진 세로줄은 몇 번일까요?

◻ 번 세로줄

**18** 규칙에 따라 쌓기나무를 쌓았습니다. 마지막에 놓을 모양을 만들려면 쌓기나무가 몇 개 필요할까요?

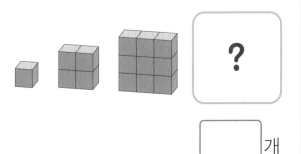

◻ 개

✏️ 서술형
**19** 학급 시간표에서 규칙을 찾아 보세요.

|  | 월 | 화 | 수 | 목 | 금 |
|---|---|---|---|---|---|
| 1교시 | 국어 | 수학 | 사회 | 미술 | 음악 |
| 2교시 | 영어 | 국어 | 수학 | 사회 | 미술 |
| 3교시 | 과학 | 영어 | 국어 | 수학 | 사회 |
| 4교시 | 체육 | 과학 | 영어 | 국어 | 수학 |

규칙

_____

_____

_____

_____

✏️ 서술형
**20** 규칙을 찾아 빈칸에 알맞은 모양을 그려 보고, 규칙을 쓰세요.

■ ♥ ▲ ■ ♥ ▲ ◻ ♥ ▲

모양

_____

_____

색깔

_____

## 상상력 키우기

💡1 주변에서 어떤 모양이나 색깔이 규칙적으로 반복
되는 것을 찾아 써 보세요.

💡2 여러분의 학교에서 수업하는 시간과 쉬는 시간은
어떤 규칙이 있나요?

➡ ☐ 분 수업하고 ☐ 분 쉬는 것이

반복되는 규칙입니다.

<정답 및 해설>을
스마트폰으로도
볼 수 있습니다.

**2-2**

새 교육과정 반영

# 그림으로 개념 잡는

# 초등수학

## 정답 및 해설

▶ 본문 각 페이지의 QR코드를 찍으면 더욱
자세한 풀이 과정이 담긴 영상을 보실 수 있습니다.

# 그림으로 개념 잡는
# 초등수학

## 2-2

## 정답 및 해설

**1** 네 자리 수 ......................................... 2

**2** 곱셈구구 ......................................... 9

**3** 길이 재기 ......................................... 24

**4** 시각과 시간 ......................................... 29

**5** 표와 그래프 ......................................... 37

**6** 규칙 찾기 ......................................... 42

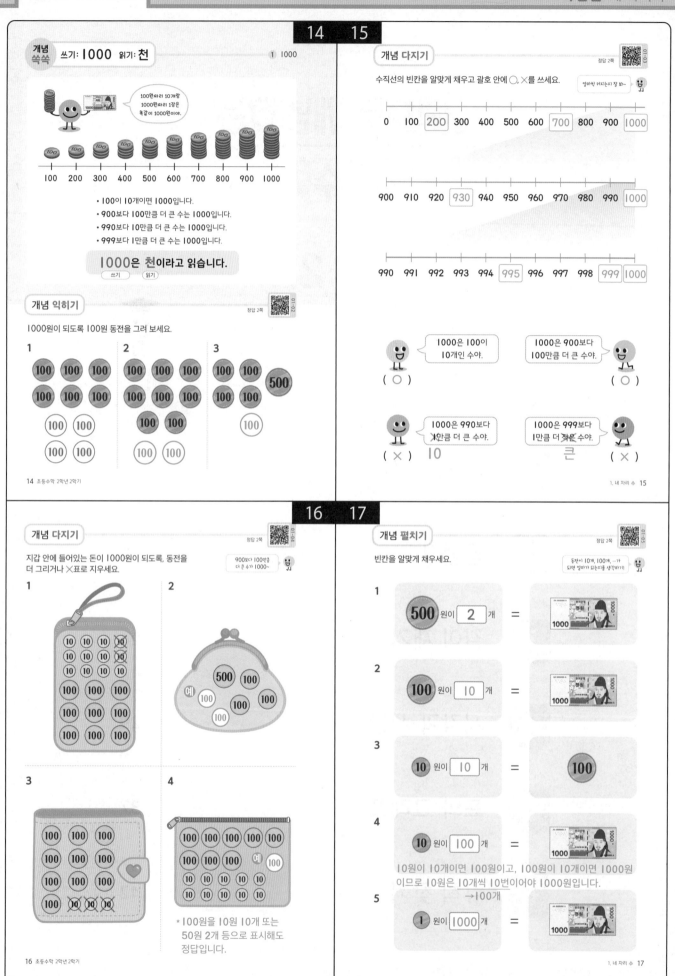

## 개념 쏙쏙 1000이 ★개이면 ★천

2 몇천

| | 1000의 개수 | 쓰기 | 읽기 |
|---|---|---|---|
| 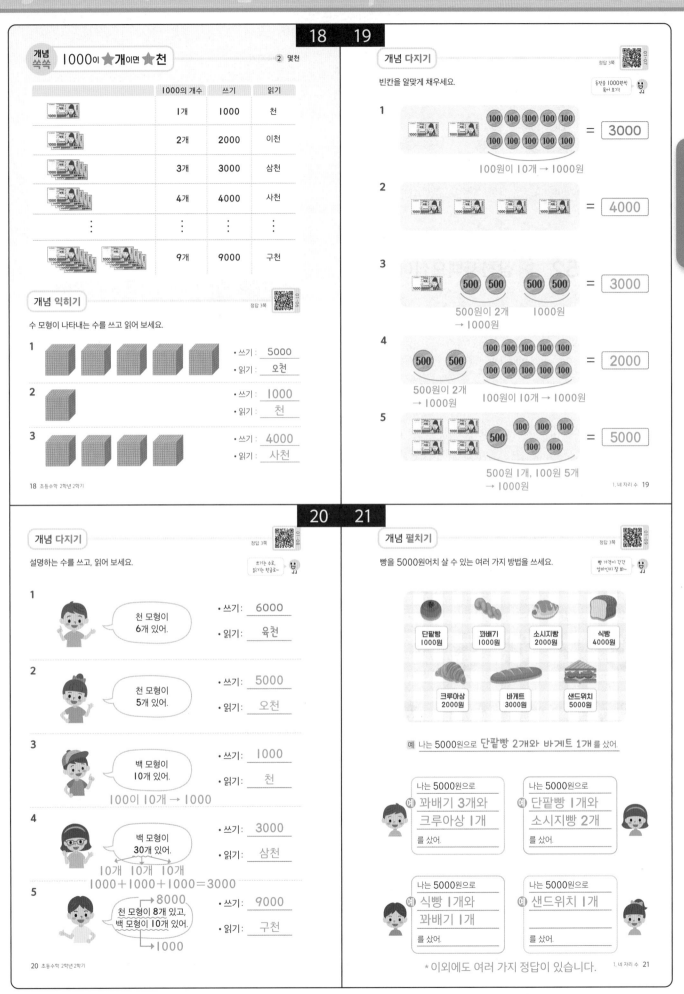 | 1개 | 1000 | 천 |
| | 2개 | 2000 | 이천 |
| | 3개 | 3000 | 삼천 |
| | 4개 | 4000 | 사천 |
| | ⋮ | ⋮ | ⋮ |
| | 9개 | 9000 | 구천 |

### 개념 익히기

정답 3쪽

수 모형이 나타내는 수를 쓰고 읽어 보세요.

**1**
• 쓰기 : 5000
• 읽기 : 오천

**2**
• 쓰기 : 1000
• 읽기 : 천

**3**
• 쓰기 : 4000
• 읽기 : 사천

18 초등수학 2학년 2학기

### 개념 다지기

정답 3쪽

빈칸을 알맞게 채우세요.

동전을 1000씩 묶어 보기

**1** = 3000
100원이 10개 → 1000원

**2** = 4000

**3** = 3000
500원이 2개
1000원
→ 1000원

**4** = 2000
500원이 2개
→ 1000원
100원이 10개 → 1000원

**5** = 5000
500원 1개, 100원 5개
→ 1000원

1. 네 자리 수 19

### 개념 다지기

정답 3쪽

설명하는 수를 쓰고, 읽어 보세요.

쓰기는 숫자로,
읽기는 한글로~

**1**
천 모형이
6개 있어.
• 쓰기 : 6000
• 읽기 : 육천

**2**
천 모형이
5개 있어.
• 쓰기 : 5000
• 읽기 : 오천

**3**
백 모형이
10개 있어.
• 쓰기 : 1000
• 읽기 : 천
100이 10개 → 1000

**4**
백 모형이
30개 있어.
• 쓰기 : 3000
• 읽기 : 삼천
10개 10개 10개
1000+1000+1000=3000

**5**
천 모형이 8개 있고,
백 모형이 10개 있어.
→ 8000
→ 1000
• 쓰기 : 9000
• 읽기 : 구천

20 초등수학 2학년 2학기

### 개념 펼치기

정답 3쪽

빵을 5000원어치 살 수 있는 여러 가지 방법을 쓰세요.

빵 가격이 각각
얼마인지 잘 봐~

단팥빵 1000원 꽈배기 1000원 소시지빵 2000원 식빵 4000원
크루아상 2000원 바게트 3000원 샌드위치 5000원

예 나는 5000원으로 **단팥빵 2개와 바게트 1개**를 샀어.

예 나는 5000원으로
**꽈배기 3개와**
**크루아상 1개**
를 샀어.

예 나는 5000원으로
**단팥빵 1개와**
**소시지빵 2개**
를 샀어.

예 나는 5000원으로
**식빵 1개와**
**꽈배기 1개**
를 샀어.

예 나는 5000원으로
**샌드위치 1개**
를 샀어.

* 이외에도 여러 가지 정답이 있습니다.

1. 네 자리 수 21

## 개념 쏙쏙 ★천 ▲백 ■십 ●  3 네 자리 수

**1000이 3개, 100이 4개, 10이 5개, 1이 2개인 수**

| 1000이 3개 | 100이 4개 | 10이 5개 | 1이 2개 |
|---|---|---|---|

**3452**

쓰기 **3452**  읽기 **삼천사백오십이**

### 개념 익히기

그림을 보고 빈칸을 알맞게 채우세요.

1  1000이 **2**개, 100이 **4**개, 10이 **0**개, 1이 **6**개이면 **2406** 입니다.

2  1000이 **3**개, 100이 **2**개, 10이 **5**개, 1이 **3**개이면 **3253** 입니다.

### 개념 다지기

설명하는 수를 쓰고, 읽어 보세요.  1000, 100, 10, 1이 각각 몇 개인지 잘 봐.

1  1000이 5개 / 100이 4개 / 10이 0개 / 1이 7개  이면 **5407** 입니다.  읽기 **오천사백칠**

2  1000이 9개 / 100이 0개 / 10이 3개 / 1이 2개  이면 **9032** 입니다.  읽기 **구천삼십이**

3  이면 **1104** 입니다.  읽기 **천백사**

4  이면 **1141** 입니다.  읽기 **천백사십일**

5  이면 **4310** 입니다.  읽기 **사천삼백십**

## 개념 쏙쏙 자리에 따라 달라지는 값  4 각 자리의 숫자

| 1000이 3개 | 100이 2개 | 10이 3개 | 1이 5개 |
|---|---|---|---|
| 3000 | 200 | 30 | 5 |

**3 2 3 5**

같은 숫자라도 어느 자리에 있는지에 따라 나타내는 수가 달라!

천의 자리 / 백의 자리 / 십의 자리 / 일의 자리

**3235 = 3000 + 200 + 30 + 5**

### 개념 익히기

빈칸에 알맞은 수를 쓰세요.

1  3 8 5 2 = 3000 + 800 + 50 + 2

2  5 3 0 4 = 5000 + 300 + 0 + 4

3  2 1 7 9 = 2000 + **100** + **70** + **9**

### 개념 다지기

밑줄 친 숫자가 나타내는 수를 쓰세요.  어느 자리의 숫자인지 잘 보라고~

1  2 3 <u>6</u> 8  ·········  60

2  <u>7</u> 0 9 1  ·········  7000

3  3 8 0 <u>4</u>  ·········  4

4  5 <u>6</u> 4 7  ·········  600

5  <u>4</u> 0 0 9  ·········  4000

6  8 2 5 <u>3</u>  ·········  3

## 개념 다지기

물음에 답하세요.

*정답 5쪽*

*오른쪽에서부터 일, 십, 백, 천*

**1** 천의 자리 숫자에 ◯표 하세요.

⑨ 0 5 0

**2** 십의 자리 숫자에 △표 하세요.

6 3 △4

**3** 밑줄 친 숫자는 얼마를 나타낼까요?  ( 8000 )

<u>8</u> 0 4 3

**4** 700을 나타내는 숫자에 ◯표 하세요.

7 ⑦ 2 7

**5** 백의 자리 숫자가 0인 수를 모두 찾아 ◯표 하세요.

(⑥012)   (사천십이)   5108   천칠백사
         4012               1704

## 개념 펼치기

수 카드 4장을 한 번씩만 사용하여 네 자리 수를 만듭니다.
알맞은 수를 모두 쓰세요.

*정답 5쪽*

*네 자리 수를 만드니까 네 칸을
그려 놓고 하나씩 채워 봐.*

**1** 천의 자리 숫자가 5, 백의 자리 숫자가 6인 네 자리 수

[ 5 ][ 6 ][ 7 ][ 8 ]    5 6 [ ][ ]
( 5678 , 5687 )

**2** 천의 자리 숫자가 1, 백의 자리 숫자가 3인 네 자리 수

[ 0 ][ 1 ][ 3 ][ 8 ]    1 3 [ ][ ]
( 1308 , 1380 )

**3** 백의 자리 숫자가 9, 일의 자리 숫자가 2인 네 자리 수

[ 2 ][ 4 ][ 8 ][ 9 ]    [ ] 9 [ ] 2
( 8942 , 4982 )

**4** 십의 자리 숫자가 7, 일의 자리 숫자가 4인 네 자리 수

[ 0 ][ 4 ][ 5 ][ 7 ]    [ ][ ] 7 4
( 5074 )

*네 자리 수여야 하므로 가장 높은
자리 숫자는 0이 될 수 없습니다.*

**5** 백의 자리 숫자가 8, 십의 자리 숫자가 6인 네 자리 수

[ 0 ][ 6 ][ 8 ][ 9 ]    [ ] 8 6 [ ]
( 9860 )

*네 자리 수여야 하므로 가장 높은
자리 숫자는 0이 될 수 없습니다.*

## 개념 쏙쏙  여러 가지 방법으로 뛰어 세기

*5 뛰어 세기*

나는 한 걸음에 1000씩 걸어.

나는 한 걸음에 100씩 걸어.

1000 — 2000 — 3000 — 4000 — 5000 : 1000씩 뛰어 세기
5000 — 5100 — 5200 — 5300 — 5400 : 100씩 뛰어 세기
5400 — 5410 — 5420 — 5430 — 5440 : 10씩 뛰어 세기
5440 — 5441 — 5442 — 5443 — 5444 : 1씩 뛰어 세기

### 개념 익히기

빈칸을 알맞게 채우세요.

*정답 5쪽*

**1**
| 1000씩 뛰어 세기 | 3062 — [ 4062 ] — 5062 — 6062 |

**2**
| 100씩 뛰어 세기 | 7062 — 7162 — [ 7262 ] — 7362 |

**3**
| 10씩 뛰어 세기 | 7362 — 7372 — 7382 — [ 7392 ] |

## 개념 다지기

수에 해당하는 글자에 ◯표 하고, 낱말을 완성해 보세요.

*정답 5쪽*

*얼마씩 뛰어 세는지
잘 살펴봐~*

**1** 1000씩 뛰어 세어 5375 찾기

| 1375 | 2375 | 사 | 랑 | 우 | 정 | 용 | 기 |
|------|------|-----|-----|-----|-----|-----|-----|
|      |      | 3375 | 4375 | 5375 | 6375 | 7375 | 8375 |

**2** 100씩 뛰어 세어 6743 찾기

| 6043 | 6143 | 정 | 다 | 운 | 꾀 | 꼬 | 리 |
|------|------|-----|-----|-----|-----|-----|-----|
|      |      | 6243 | 6343 | 6443 | 6543 | 6643 | 6743 |

**3** 10씩 뛰어 세어 5157 찾기

| 5137 | 5147 | 나 | 비 | 야 | 날 | 아 | 라 |
|------|------|-----|-----|-----|-----|-----|-----|
|      |      | 5157 | 5167 | 5177 | 5187 | 5197 | 5207 |

**4** 1씩 뛰어 세어 4193 찾기

| 4186 | 4187 | 도 | 레 | 미 | 파 | 솔 | 라 |
|------|------|-----|-----|-----|-----|-----|-----|
|      |      | 4188 | 4189 | 4190 | 4191 | 4192 | 4193 |

| 1 | 2 | 3 | 4 |
|------|------|------|------|
| 5375 | 6743 | 5157 | 4193 |

↓

| 우 | 리 | 나 | 라 |

# 정답 및 해설

## 개념 쏙쏙  높은 자리 수부터 비교

6 수의 크기 비교

| 천의 자리 숫자가 큰 쪽이 큰 수입니다. | 천 백 십 일<br>1897 < 2000<br>1 < 2 |

| 천의 자리 숫자가 같으면,<br>백의 자리 숫자가 큰 쪽이 큰 수입니다. | 천 백 십 일<br>5762 > 5496<br>7 > 4 |

| 천의 자리 숫자, 백의 자리 숫자가 같으면,<br>십의 자리 숫자가 큰 쪽이 큰 수입니다. | 천 백 십 일<br>3057 < 3082<br>5 < 8 |

| 천의 자리 숫자, 백의 자리 숫자, 십의 자리 숫자가 같으면,<br>일의 자리 숫자가 큰 쪽이 큰 수입니다. | 천 백 십 일<br>7809 > 7803<br>9 > 3 |

## 개념 익히기

정답 6쪽

빈칸을 알맞게 채우고, 더 큰 수에 ○표 하세요.

**1**

| | 천의 자리 | 백의 자리 | 십의 자리 | 일의 자리 |
|---|---|---|---|---|
| 4158 → | 4 | 1 | 5 | 8 |
| ⟨6703⟩ → | 6 | 7 | 0 | 3 |

**2**

| | 천의 자리 | 백의 자리 | 십의 자리 | 일의 자리 |
|---|---|---|---|---|
| ⟨3790⟩ → | 3 | 7 | 9 | 0 |
| 3782 → | 3 | 7 | 8 | 2 |

**3**

| | 천의 자리 | 백의 자리 | 십의 자리 | 일의 자리 |
|---|---|---|---|---|
| 2061 → | 2 | 0 | 6 | 1 |
| ⟨2062⟩ → | 2 | 0 | 6 | 2 |

---

## 개념 다지기

정답 6쪽

크기를 비교하여 ○ 안에 >, <를 알맞게 쓰세요.

높은 자리부터 차례로 비교하기

**1** 4368 ⟨<⟩ 4451

**2** 3000 ⟨>⟩ 2140

**3** 5993 ⟨>⟩ 5971

**4** 8001 ⟨<⟩ 8010

**5** 천이 6개, 백이 2개,<br>십이 5개, 일이 4개인 수<br>6254 ⟨<⟩ 육천이백오십팔<br>6258

**6** 1000이 7개, 100이 3개,<br>10이 9개, 1이 2개인 수<br>7392 ⟨>⟩ 칠천삼백이십구<br>7329

---

## 개념 다지기

정답 6쪽

수 카드 4장을 한 번씩만 사용하여 네 자리 수를<br>만듭니다. 빈칸에 알맞은 수를 쓰세요.

높은 자리의 수가 클수록 큰 수!

**1**

[1] [2] [6] [9]

• 가장 큰 네 자리 수: [9621]
• 가장 작은 네 자리 수: [1269]

**2**

[4] [0] [7] [3]

• 가장 큰 네 자리 수: [7430]
• 가장 작은 네 자리 수: [3047]

**3**

[7] [6] [4] [2]

• 가장 작은 네 자리 수: [2467]
• 두 번째로 작은 네 자리 수: [2476]

**4**

[3] [8] [5] [9]

• 가장 큰 네 자리 수: [9853]
• 가장 작은 네 자리 수 짝수: [3598]

가장 큰 네 자리 수를 만들려면 **가장 큰 수부터 순서대로 천,<br>백, 십, 일의 자리에 놓아야 합니다. 가장 작은 네 자리 수**는 반<br>대로, **가장 작은 수부터 순서대로 천, 백, 십, 일**의 자리에 놓<br>아야 합니다.

**2** 가장 큰 네 자리 수: 7430

가장 작은 네 자리 수: 작은 수부터 순서대로 놓으면 0, 3,<br>4, 7이지만, 네 자리 수에서 천의 자리에 0을 놓으면 세<br>자리 수가 됩니다. 따라서 0 다음으로 작은 3을 천의 자<br>리에 놓고, 0, 4, 7을 순서대로 놓은 3047이 가장 작은<br>네 자리 수가 됩니다.

**3** 가장 작은 네 자리 수: 2467

두 번째로 작은 네 자리 수: 2467보다 조금 커야 하므로,<br>낮은 자리에서부터 숫자를 바꾸어 봅니다. 따라서 십의 자<br>리 숫자 6과 일의 자리 숫자 7을 바꾼 2476이 두 번째로<br>작은 네 자리 수입니다.

**4** 가장 큰 네 자리 수: 9853

가장 작은 네 자리 짝수: 3, 8, 5, 9 중에서 짝수는 8뿐이<br>므로, 네 자리인 짝수는 □□□8입니다.<br>작은 수부터 순서대로 천, 백, 십의 자리에 놓으면 3598<br>입니다.

**1** $\boxed{?}850 > 6319$ 먼저, $\boxed{?}$와 6이 같아도 되는지 생각합니다. $\boxed{6}850>6319$는 될 수 있으므로, $\boxed{?}$에 들어갈 수 있는 숫자는 6과 6보다 큰 7, 8, 9입니다.

**2** $4185>4\boxed{?}92$ 먼저, 1과 $\boxed{?}$가 같아도 되는지 생각합니다. $4185>4\boxed{1}92$는 될 수 없으므로, $\boxed{?}$에 들어갈 수 있는 숫자는 1보다 작은 0입니다.

**3** $50\boxed{?}8>5047$ 먼저, $\boxed{?}$와 4가 같아도 되는지 생각합니다. $50\boxed{4}8>5047$은 될 수 있으므로, $\boxed{?}$에 들어갈 수 있는 숫자는 4와 4보다 큰 5, 6, 7, 8, 9입니다.

**4** $\boxed{?}623>8591$ 먼저, $\boxed{?}$와 8이 같아도 되는지 생각합니다. $\boxed{8}623>8591$은 될 수 있으므로, $\boxed{?}$에 들어갈 수 있는 숫자는 8과 8보다 큰 9입니다.

**5** $3052>30\boxed{?}1$ 먼저, 5와 $\boxed{?}$가 같아도 되는지 생각합니다. $3052>30\boxed{5}1$은 될 수 있으므로, $\boxed{?}$에 들어갈 수 있는 숫자는 5와 5보다 작은 4, 3, 2, 1, 0입니다.

---

**개념 펼치기**      정답 7쪽

0부터 9까지의 수 중에서 $\boxed{?}$ 안에 들어갈 수 있는 숫자를 모두 쓰세요.

천의 자리부터 차례대로 비교하는 거야~

**1**
$\boxed{?}850 > 6319$    $\boxed{?}$ = 6, 7, 8, 9

**2**
$4185 > 4\boxed{?}92$    $\boxed{?}$ = 0

**3**
$50\boxed{?}8 > 5047$    $\boxed{?}$ = 4, 5, 6, 7, 8, 9

**4**
$\boxed{?}623 > 8591$    $\boxed{?}$ = 8, 9

**5**
$3052 > 30\boxed{?}1$    $\boxed{?}$ = 0, 1, 2, 3, 4, 5

1. 네 자리 수 33

---

**개념 마무리**      1단원 네 자리 수    정답 7쪽

**1** 지후가 설명하는 수는 무엇일까요?

100이 10개인 수야.

지후

( 1000 )

**2** 1000에 대한 설명입니다. 빈칸을 알맞게 채우세요.

- 900보다 $\boxed{100}$ 만큼 더 큰 수
- 990보다 $\boxed{10}$ 만큼 더 큰 수
- $\boxed{999}$ 보다 1만큼 더 큰 수

**3** 관계있는 것끼리 선으로 이으세요.

| 오천 | 8000 |
| 팔천 | 6000 |
| 육천 | 5000 |

(오천–5000, 팔천–8000, 육천–6000)

**4** 정국이의 지갑에 들어있는 돈은 그림과 같습니다. 모두 얼마일까요?

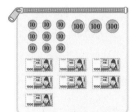

( 7390 )원

**5** 지유가 고른 수에 ○표 하세요.

내가 고른 수를 읽으면 '오천'으로 시작하고 '삼'으로 끝나!

지유

$5\square\square3$

(5093)   5365   3593

**6** 빈칸을 알맞게 채우세요.

5702는
- 1000이 $\boxed{5}$ 개
- 100이 $\boxed{7}$ 개
- 10이 $\boxed{0}$ 개
- 1이 $\boxed{2}$ 개

**7** 밑줄 친 숫자가 나타내는 수가 가장 큰 수의 기호를 쓰세요.

| 90 | 9 |
| ㉠ 3194 | ㉡ 4709 |
| ㉢ 8962 | ㉣ 9006 |
| 900 | 9000 |

( ㉣ )

**8** 풍선이 한 봉지에 100개씩 들어있습니다. 80봉지에 들어있는 풍선은 모두 몇 개일까요?

( 8000 )개

풍선이 100개씩 80봉지
→10개씩 8번

⇒ 100개씩 10번은 1000이므로 풍선은 8000개입니다.

**9** 1000씩 뛰어 세어 보세요.

1436 → 2436 → 3436
6436 ← 5436 ← 4436

**10** 두 수의 크기를 비교하여 ○ 안에 >, <를 알맞게 쓰세요.

(1) 2095 > 2078

(2) 8020 < 8202

**11** 하연이는 사탕과 초콜릿을 각각 한 개씩 사고 아래와 같이 돈을 냈습니다. 하연이가 낸 돈에서 사탕 1개의 가격만큼 /표로 지우고, 초콜릿의 가격을 구하세요.

| 사탕 1개 1300원 | 초콜릿 1개 ?원 |

하연이가 낸 돈

( 1600 )원

**12** 6097보다 크고 6104보다 작은 네 자리 수는 모두 몇 개일까요?

( 6 )개

$6097 < \square < 6104$

6098, 6099, 6100, 6101, 6102, 6103

**36**

### 개념 마무리

**13** 태민이는 **7500원**으로 친구에게 줄 생일 선물을 사려고 합니다. 그림의 물건 중에서 태민이가 살 수 **없는** 물건을 모두 쓰세요.

색연필 **5870원**

손목시계 **9230원**

보드게임 **7490원**

연필깎이 **7230원**

필통 **4370원**

가방 **9050원**

( 손목시계, 가방 )

**14** 규칙에 따라 뛰어 세기를 합니다. 빈 곳에 알맞은 수를 쓰세요.

4235 — 5235 — 6235 — 7235

1000씩 뛰어 세는 규칙입니다.

**[15-16]** 주어진 수 배열표를 보고 물음에 답하세요.

| 2050 | 2060 | 2070 | 2080 | 2090 |
|------|------|------|------|------|
| 2150 | 2160 | 2170 | 2180 | ☆ ←2190 |
| 2250 | 2260 | 2270 | 2280 | 2290 |

**15** ➡ 방향의 수는 얼마씩 뛰어 센 것일까요?

( 10 )씩

**16** ☆에 알맞은 수는 무엇일까요?

( 2190 )

2090에서 100을 뛰어 센 수입니다.

**17** 아래의 수 카드 **4**장을 한 번씩만 사용하여 만들 수 있는 네 자리 수 중에서 두 번째로 큰 수를 쓰세요.

| 5 | 8 | 2 | 0 |

( 8502 )

**17** 만들 수 있는 가장 큰 네 자리 수는 8520입니다.
두 번째로 큰 네 자리 수는 8520보다 조금 작아야 하므로, 낮은 자리에서부터 숫자를 바꾸어 봅니다. 따라서 십의 자리 숫자 2와 일의 자리 숫자 0을 바꾼 8502가 두 번째로 큰 네 자리 수입니다.

---

**18** $7486 > 7\boxed{\phantom{0}}52$

먼저, 4와 □가 같아도 되는지 생각합니다.
$7486 > 7\boxed{4}52$는 될 수 있으므로 □ 안에 들어갈 수 있는 숫자는 4와 4보다 작은 3, 2, 1, 0입니다.

---

**37**

**18** 0부터 9까지의 수 중에서 빈칸에 들어갈 수 있는 숫자를 모두 쓰세요.

$7486 > 7\boxed{\phantom{0}}52$

( 0, 1, 2, 3, 4 )

**19** 100 과 1000 을 이용하여 5000을 나타내 보세요.

예

1000 1000 1000 1000
100 100 100 100
100 100 100 100
100 100

**20** ✏서술형
지율이의 일기장에 달린 자물쇠는 네 자리 비밀번호를 알아야 열 수 있습니다. 힌트를 보고 비밀번호를 맞혀 보세요.

**힌트**
• **1000**이 5개입니다.
• 백의 자리 숫자는 **2**보다 작은 홀수 입니다.
• **3069**와 십의 자리 숫자가 똑같습니다.
• 일의 자리 숫자는 **7**보다 큰 짝수 입니다.

일기장

풀이 예 1000이 5개로 천의 자리 숫자는 5이고, 백의 자리 숫자는 2보다 작은 홀수로 1입니다. 십의 자리 숫자는 3069와 같으므로 6이고, 일의 자리 숫자는 7보다 큰 짝수로 8입니다. 따라서 5168입니다.

답 5168

## 1 네 자리 수

### 상상력 키우기

💡1 여러분이 태어난 해는 몇 년도인가요?
수로 쓰고, 읽어 보세요.

예 2017, 이천십칠

💡2 여러분이 좋아하는 과자는 무엇인가요?
마트에서 그 과자를 얼마에 팔고 있나요?

예 감자칩, 1200원

38 초등수학 2학년 2학기

---

# 2 곱셈구구

 구구단을 외자 ♪

**이 단원에서 배울 내용**

• 곱셈구구, 0과 어떤 수의 곱

| | | |
|---|---|---|
| ❶ 2단 곱셈구구 | ❺ 4단 곱셈구구 | ❾ 1단 곱셈구구 |
| ❷ 5단 곱셈구구 | ❻ 8단 곱셈구구 | ❿ 0의 곱 |
| ❸ 3단 곱셈구구 | ❼ 7단 곱셈구구 | ⓫ 곱셈표 |
| ❹ 6단 곱셈구구 | ❽ 9단 곱셈구구 | |

---

**개념 쏙쏙** **2씩 커지는 2단 곱셈구구** — ❶ 2단 곱셈구구

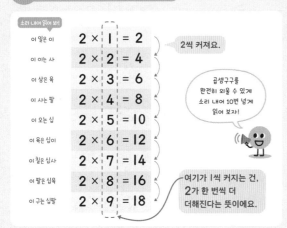

| 소리 내어 읽어 봐! | | |
|---|---|---|
| 이 일은 이 | $2 \times 1 = 2$ | |
| 이 이는 사 | $2 \times 2 = 4$ | 2씩 커져요. |
| 이 삼은 육 | $2 \times 3 = 6$ | |
| 이 사는 팔 | $2 \times 4 = 8$ | |
| 이 오는 십 | $2 \times 5 = 10$ | |
| 이 육은 십이 | $2 \times 6 = 12$ | |
| 이 칠은 십사 | $2 \times 7 = 14$ | |
| 이 팔은 십육 | $2 \times 8 = 16$ | |
| 이 구는 십팔 | $2 \times 9 = 18$ | |

곱셈구구를 완전히 외울 수 있게 소리 내어 10번 넘게 읽어 보자!

여기가 1씩 커지는 건, 2가 한 번씩 더 더해진다는 뜻이에요.

**개념 익히기**

정답 9쪽

그림에 어울리는 곱셈식을 완성하세요.

1

$2 \times \boxed{2} = 4$

2

$2 \times \boxed{3} = 6$

3

$2 \times \boxed{4} = 8$

42 초등수학 2학년 2학기

---

**개념 다지기**

정답 9쪽

2단 곱셈구구를 소리 내어 읽으며 빈칸을 알맞게 채우세요.

다 외웠지? 빈칸을 채워 보자~

$2 \times 1 = 2$ 　　$2 \times \boxed{9} = 18$

$2 \times 2 = 4$ 　　$2 \times \boxed{8} = 16$

$2 \times 3 = \boxed{6}$ 　　$2 \times 7 = \boxed{14}$

$2 \times \boxed{4} = 8$ 　　$2 \times \boxed{6} = 12$

$2 \times 5 = \boxed{10}$ 　　$2 \times \boxed{5} = 10$

$2 \times 6 = \boxed{12}$ 　　$2 \times 4 = \boxed{8}$

$2 \times \boxed{7} = 14$ 　　$2 \times \boxed{3} = 6$

$2 \times 8 = \boxed{16}$ 　　$2 \times 2 = \boxed{4}$

$2 \times 9 = \boxed{18}$ 　　$2 \times \boxed{1} = 2$

2. 곱셈구구 43

# 정답 및 해설

## 개념 펼치기

정답 10쪽

개구리가 2씩 점프합니다. 그림을 보고 알맞은 덧셈식과
곱셈식을 쓰세요.

2씩 □번은 2×□

**1**

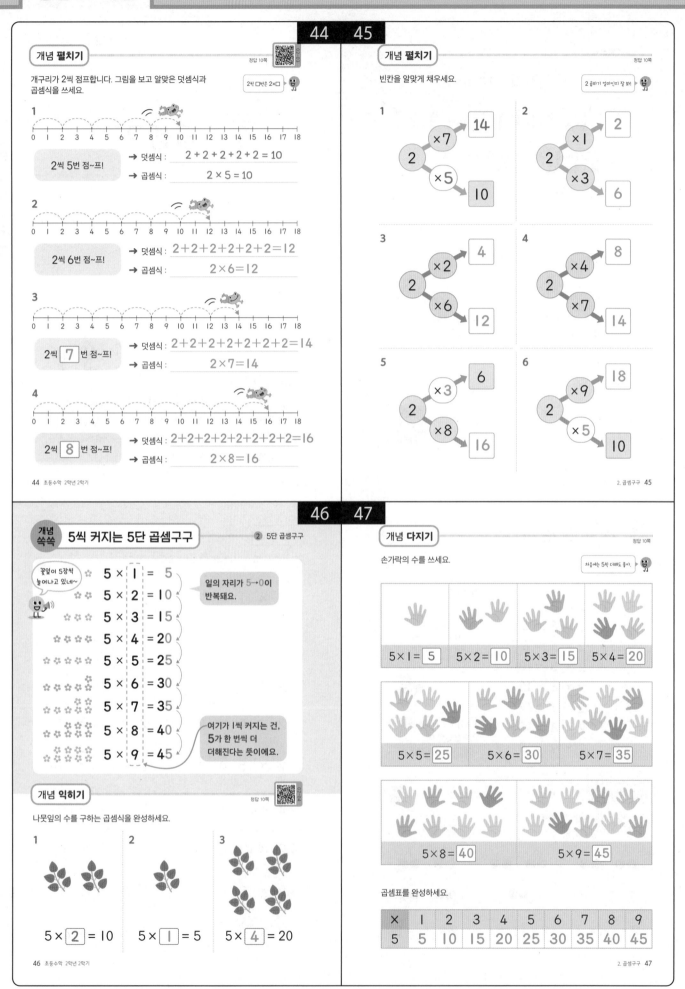

| 2씩 5번 점~프! |
|---|

→ 덧셈식 : $2 + 2 + 2 + 2 + 2 = 10$

→ 곱셈식 : $2 \times 5 = 10$

**2**

| 2씩 6번 점~프! |
|---|

→ 덧셈식 : $2+2+2+2+2+2=12$

→ 곱셈식 : $2 \times 6 = 12$

**3**

| 2씩 [7] 번 점~프! |
|---|

→ 덧셈식 : $2+2+2+2+2+2+2=14$

→ 곱셈식 : $2 \times 7 = 14$

**4**

| 2씩 [8] 번 점~프! |
|---|

→ 덧셈식 : $2+2+2+2+2+2+2+2=16$

→ 곱셈식 : $2 \times 8 = 16$

## 개념 펼치기

정답 10쪽

빈칸을 알맞게 채우세요.

2 곱하기 얼마인지 잘 봐!

**1**　2 ×7 → 14 / ×5 → 10

**2**　2 ×1 → 2 / ×3 → 6

**3**　2 ×2 → 4 / ×6 → 12

**4**　2 ×4 → 8 / ×7 → 14

**5**　2 ×3 → 6 / ×8 → 16

**6**　2 ×9 → 18 / ×5 → 10

## 개념 쏙쏙　5씩 커지는 5단 곱셈구구

② 5단 곱셈구구

꽃잎이 5장씩 늘어나고 있네~

$5 \times 1 = 5$
$5 \times 2 = 10$
$5 \times 3 = 15$
$5 \times 4 = 20$
$5 \times 5 = 25$
$5 \times 6 = 30$
$5 \times 7 = 35$
$5 \times 8 = 40$
$5 \times 9 = 45$

일의 자리가 5→0이 반복돼요.

여기가 1씩 커지는 건,
5가 한 번씩 더
더해진다는 뜻이에요.

## 개념 익히기

정답 10쪽

나뭇잎의 수를 구하는 곱셈식을 완성하세요.

**1**　$5 \times [2] = 10$

**2**　$5 \times [1] = 5$

**3**　$5 \times [4] = 20$

## 개념 다지기

정답 10쪽

손가락의 수를 쓰세요.

처음에는 5씩 더해도 좋아.

$5 \times 1 = [5]$　$5 \times 2 = [10]$　$5 \times 3 = [15]$　$5 \times 4 = [20]$

$5 \times 5 = [25]$　$5 \times 6 = [30]$　$5 \times 7 = [35]$

$5 \times 8 = [40]$　$5 \times 9 = [45]$

곱셈표를 완성하세요.

| × | 1 | 2 | 3 | 4 | 5 | 6 | 7 | 8 | 9 |
|---|---|---|---|---|---|---|---|---|---|
| 5 | 5 | 10 | 15 | 20 | 25 | 30 | 35 | 40 | 45 |

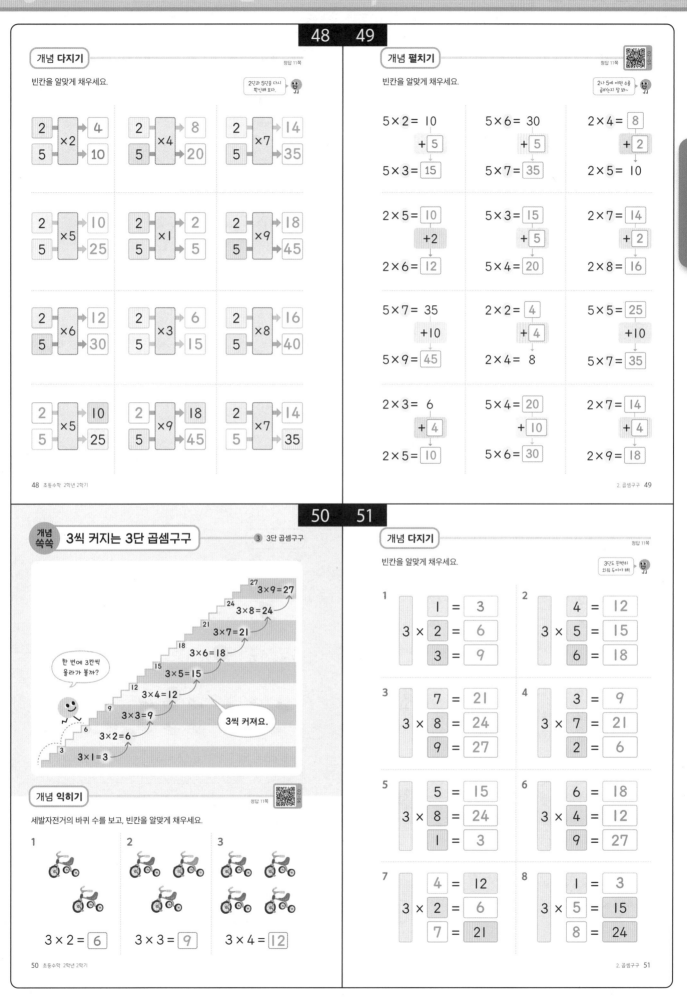

## 개념 다지기

정답 11쪽

빈칸을 알맞게 채우세요.

2단과 5단을 다시
확인해 보자.

2 →×2→ 4
5 →→ 10

2 →×4→ 8
5 →→ 20

2 →×7→ 14
5 →→ 35

2 →×5→ 10
5 →→ 25

2 →×1→ 2
5 →→ 5

2 →×9→ 18
5 →→ 45

2 →×6→ 12
5 →→ 30

2 →×3→ 6
5 →→ 15

2 →×8→ 16
5 →→ 40

2 →×5→ 10
5 →→ 25

2 →×9→ 18
5 →→ 45

2 →×7→ 14
5 →→ 35

## 개념 펼치기

정답 11쪽

빈칸을 알맞게 채우세요.

2단 5에 어떤 수를
곱하는지 잘 봐~

$5 \times 2 = 10$
$+5$
$5 \times 3 = 15$

$5 \times 6 = 30$
$+5$
$5 \times 7 = 35$

$2 \times 4 = 8$
$+2$
$2 \times 5 = 10$

$2 \times 5 = 10$
$+2$
$2 \times 6 = 12$

$5 \times 3 = 15$
$+5$
$5 \times 4 = 20$

$2 \times 7 = 14$
$+2$
$2 \times 8 = 16$

$5 \times 7 = 35$
$+10$
$5 \times 9 = 45$

$2 \times 2 = 4$
$+4$
$2 \times 4 = 8$

$5 \times 5 = 25$
$+10$
$5 \times 7 = 35$

$2 \times 3 = 6$
$+4$
$2 \times 5 = 10$

$5 \times 4 = 20$
$+10$
$5 \times 6 = 30$

$2 \times 7 = 14$
$+4$
$2 \times 9 = 18$

정답 및 해설

## 개념 쏙쏙　3씩 커지는 3단 곱셈구구

③ 3단 곱셈구구

$3 \times 9 = 27$
$3 \times 8 = 24$
$3 \times 7 = 21$
$3 \times 6 = 18$
$3 \times 5 = 15$
$3 \times 4 = 12$
$3 \times 3 = 9$
$3 \times 2 = 6$
$3 \times 1 = 3$

한 번에 3칸씩
올라가 볼까?

3씩 커져요.

## 개념 익히기

정답 11쪽

세발자전거의 바퀴 수를 보고, 빈칸을 알맞게 채우세요.

1
$3 \times 2 = 6$

2
$3 \times 3 = 9$

3
$3 \times 4 = 12$

## 개념 다지기

정답 11쪽

빈칸을 알맞게 채우세요.

3단을 완벽히
외워야 해!

**1**
$3 \times 1 = 3$
$3 \times 2 = 6$
$3 \times 3 = 9$

**2**
$3 \times 4 = 12$
$3 \times 5 = 15$
$3 \times 6 = 18$

**3**
$3 \times 7 = 21$
$3 \times 8 = 24$
$3 \times 9 = 27$

**4**
$3 \times 3 = 9$
$3 \times 7 = 21$
$3 \times 2 = 6$

**5**
$3 \times 5 = 15$
$3 \times 8 = 24$
$3 \times 1 = 3$

**6**
$3 \times 6 = 18$
$3 \times 4 = 12$
$3 \times 9 = 27$

**7**
$3 \times 4 = 12$
$3 \times 2 = 6$
$3 \times 7 = 21$

**8**
$3 \times 1 = 3$
$3 \times 5 = 15$
$3 \times 8 = 24$

# 정답 및 해설

### 개념 다지기
정답 12쪽

올바른 곱셈식이 되도록 알맞은 길을 그리세요.

3단을 소리 내어 외우면서
알맞은 길을 그려 봐~

**1**  3 ─ ×1 / ×2 ─ 3

**2**  3 ─ ×3 / ×4 ─ 12

**3**  3 ─ ×5 / ×6 ─ 15

**4**  3 ─ ×6 / ×7 ─ 18

**5**  3 ─ ×2 / ×6 / ×3 ─ 9

**6**  3 ─ ×8 / ×6 / ×4 ─ 24

**7**  3 ─ ×4 / ×7 / ×8 ─ 21

**8**  3 ─ ×7 / ×8 / ×9 ─ 27

### 개념 펼치기
정답 12쪽

빈칸을 알맞게 채우세요.

2단, 5단, 3단
헷갈리지 않게 완벽히 외칠지?

| | | | | | | |
|---|---|---|---|---|---|---|
| 3 / 5 | ×4 | 12 / 20 | | 2 / 3 | ×7 | 14 / 21 |
| 5 / 2 | ×5 | 25 / 10 | | 3 / 2 | ×3 | 9 / 6 |
| 3 / 5 | ×6 | 18 / 30 | | 5 / 3 | ×1 | 5 / 3 |
| 2 / 3 | ×6 | 12 / 18 | | 3 / 5 | ×8 | 24 / 40 |
| 5 / 2 | ×2 | 10 / 4 | | 3 / 5 | ×7 | 21 / 35 |

### 개념 쏙쏙  6씩 커지는 6단 곱셈구구
④ 6단 곱셈구구

6 × 1 = 6
6 × 2 = 12
6 × 3 = 18
6 × 4 = 24
6 × 5 = 30
6 × 6 = 36
6 × 7 = 42
6 × 8 = 48
6 × 9 = 54

6 × 1 = 6 = 3 × 2
6 × 2 = 12 = 3 × 4
6 × 3 = 18 = 3 × 6

6단을 3단으로도
쓸 수 있구나~

### 개념 익히기
정답 12쪽

덧셈식을 곱셈식으로 쓰세요.

**1**  6+6+6+6=24
➡ 6 × 4 = 24

**2**  6+6+6+6+6+6=36
➡ 6 × 6 = 36

**3**  6+6+6=18
➡ 6 × 3 = 18

### 개념 다지기
정답 12쪽

개미의 다리 수를 쓰세요.

개미는 다리가 6개

6×1= 6   6×2= 12   6×3= 18   6×4= 24

6×5= 30   6×6= 36   6×7= 42

6×8= 48   6×9= 54

곱셈표를 완성하세요.

| × | 1 | 2 | 3 | 4 | 5 | 6 | 7 | 8 | 9 |
|---|---|---|---|---|---|---|---|---|---|
| 6 | 6 | 12 | 18 | 24 | 30 | 36 | 42 | 48 | 54 |

## 개념 다지기

정답 13쪽

6씩 뛰어 세기한 수를 순서대로 연결하고, 6단 곱셈구구를 완성하세요.

6단을 소리 내어 외우면서 순서대로 연결해 봐.

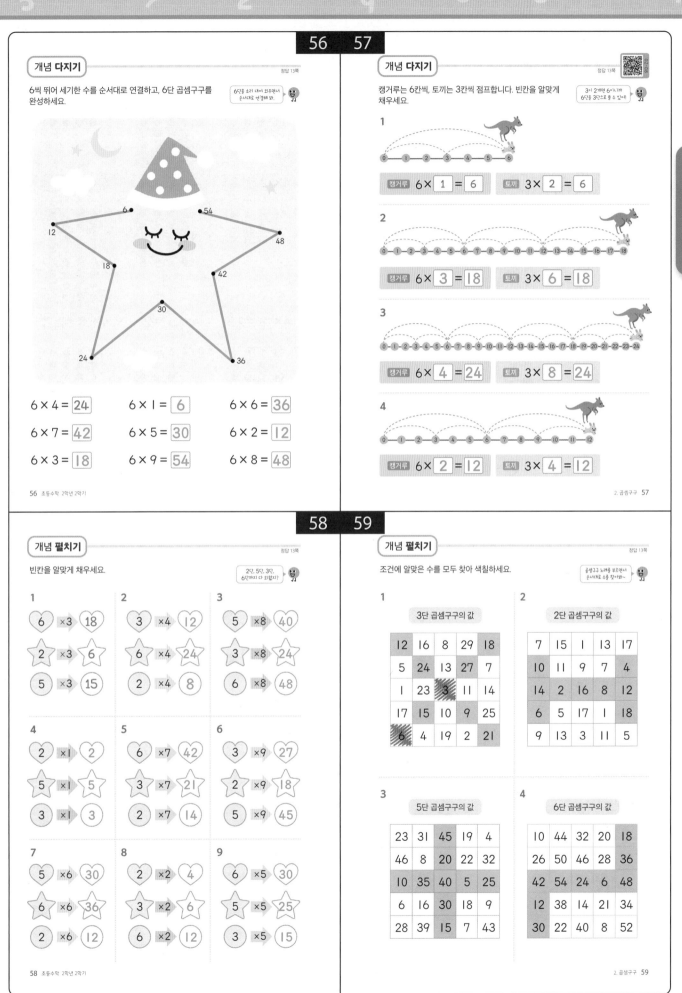

6 × 4 = 24        6 × 1 = 6        6 × 6 = 36
6 × 7 = 42        6 × 5 = 30        6 × 2 = 12
6 × 3 = 18        6 × 9 = 54        6 × 8 = 48

## 개념 다지기

정답 13쪽

캥거루는 6칸씩, 토끼는 3칸씩 점프합니다. 빈칸을 알맞게 채우세요.

3×1 2개라면 6이니까 6단을 3단으로 풀 수 있어!

**1**

캥거루  6 × 1 = 6        토끼  3 × 2 = 6

**2**

캥거루  6 × 3 = 18        토끼  3 × 6 = 18

**3**

캥거루  6 × 4 = 24        토끼  3 × 8 = 24

**4**

캥거루  6 × 2 = 12        토끼  3 × 4 = 12

## 개념 펼치기

정답 13쪽

빈칸을 알맞게 채우세요.

2단, 5단, 3단, 6단까지 다 외웠지?

**1**
6 ×3 → 18
2 ×3 → 6
5 ×3 → 15

**2**
3 ×4 → 12
6 ×4 → 24
2 ×4 → 8

**3**
5 ×8 → 40
3 ×8 → 24
6 ×8 → 48

**4**
2 ×1 → 2
5 ×1 → 5
3 ×1 → 3

**5**
6 ×7 → 42
3 ×7 → 21
2 ×7 → 14

**6**
3 ×9 → 27
2 ×9 → 18
5 ×9 → 45

**7**
5 ×6 → 30
6 ×6 → 36
2 ×6 → 12

**8**
1 ×2 → 2
3 ×2 → 6
6 ×2 → 12

**9**
6 ×5 → 30
5 ×5 → 25
3 ×5 → 15

## 개념 펼치기

정답 13쪽

조건에 알맞은 수를 모두 찾아 색칠하세요.

곱셈구구 노래를 부르면서 순서대로 수를 찾아봐~

**1**

3단 곱셈구구의 값

| 12 | 16 | 8 | 29 | 18 |
|---|---|---|---|---|
| 5 | 24 | 13 | 27 | 7 |
| 1 | 23 | 3 | 11 | 14 |
| 17 | 15 | 10 | 9 | 25 |
| 6 | 4 | 19 | 2 | 21 |

**2**

2단 곱셈구구의 값

| 7 | 15 | 1 | 13 | 17 |
|---|---|---|---|---|
| 10 | 11 | 9 | 7 | 4 |
| 14 | 2 | 16 | 8 | 12 |
| 6 | 5 | 17 | 1 | 18 |
| 9 | 13 | 3 | 11 | 5 |

**3**

5단 곱셈구구의 값

| 23 | 31 | 45 | 19 | 4 |
|---|---|---|---|---|
| 46 | 8 | 20 | 22 | 32 |
| 10 | 35 | 40 | 5 | 25 |
| 6 | 16 | 30 | 18 | 9 |
| 28 | 39 | 15 | 7 | 43 |

**4**

6단 곱셈구구의 값

| 10 | 44 | 32 | 20 | 18 |
|---|---|---|---|---|
| 26 | 50 | 46 | 28 | 36 |
| 42 | 54 | 24 | 6 | 48 |
| 12 | 38 | 14 | 21 | 34 |
| 30 | 22 | 40 | 8 | 52 |

정답 및 해설

# 정답 및 해설

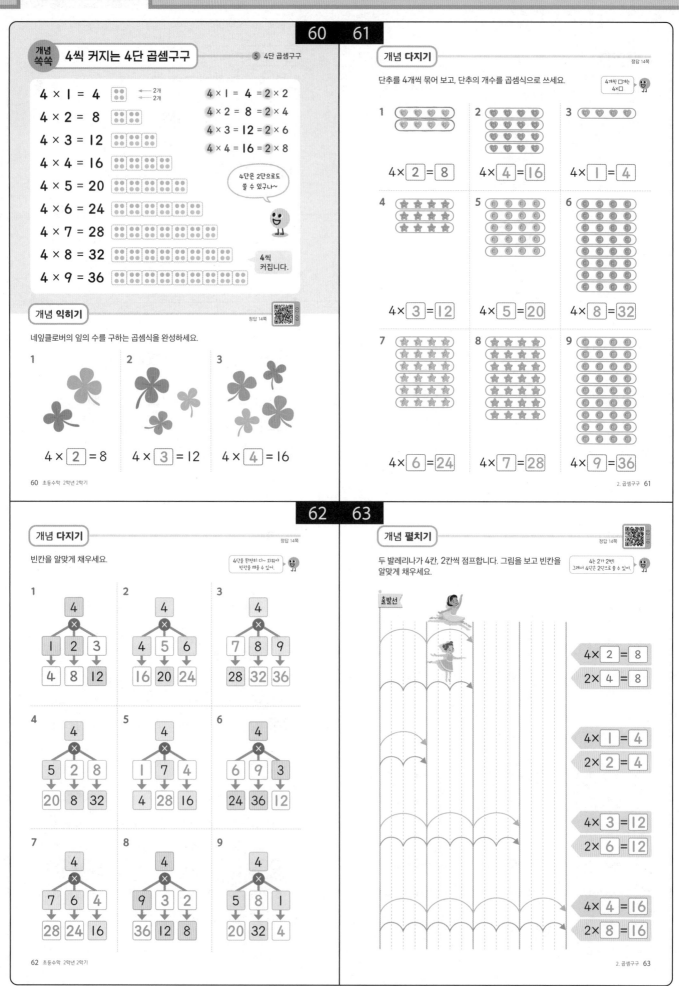

## 개념쑥쑥 8씩 커지는 8단 곱셈구구
⑥ 8단 곱셈구구

$8 \times 1 = 8$
$8 \times 2 = 16$
$8 \times 3 = 24$
$8 \times 4 = 32$
$8 \times 5 = 40$
$8 \times 6 = 48$
$8 \times 7 = 56$
$8 \times 8 = 64$
$8 \times 9 = 72$

거미가 한 마리 늘어날 때마다 거미 다리는 8개씩 많아집니다.

### 개념 익히기
정답 15쪽

문장을 곱셈식으로 쓰세요.

1 8의 3배는 24입니다.
→ $8 \times 3 = 24$

2 8의 5배는 40입니다.
→ $8 \times 5 = 40$

3 8의 6배는 48입니다.
→ $8 \times 6 = 48$

64 초등수학 2학년 2학기

### 개념 다지기
정답 15쪽

구멍 난 곳에 들어갈 수를 쓰세요.

8단도 다 외웠지?

$8 \times 1 = 8$
$8 \times 2 = 16$
$8 \times 3 = 24$
$8 \times 4 = 32$

$8 \times 5 = 40$
$8 \times 6 = 48$
$8 \times 7 = 56$
$8 \times 8 = 64$

$8 \times 9 = 72$
$8 \times 7 = 56$
$8 \times 4 = 32$
$8 \times 6 = 48$

$8 \times 1 = 8$
$8 \times 2 = 16$
$8 \times 3 = 24$
$8 \times 4 = 32$

$8 \times 5 = 40$
$8 \times 6 = 48$
$8 \times 7 = 56$
$8 \times 8 = 64$

$8 \times 7 = 56$
$8 \times 4 = 32$
$8 \times 9 = 72$
$8 \times 6 = 48$

$8 \times 5 = 40$
$8 \times 8 = 64$
$8 \times 1 = 8$
$8 \times 4 = 32$

$8 \times 2 = 16$
$8 \times 3 = 24$
$8 \times 7 = 56$
$8 \times 9 = 72$

$3 \times 6 = 18$
$4 \times 9 = 36$
$8 \times 2 = 16$
$6 \times 6 = 36$

2. 곱셈구구 65

### 개념 다지기
정답 15쪽

알맞은 곱셈식을 쓰세요.

8이 □번 있으면 8×□

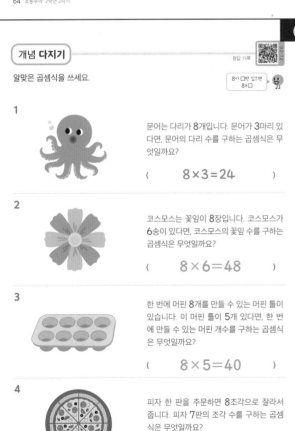

1 문어는 다리가 8개입니다. 문어가 3마리 있다면, 문어의 다리 수를 구하는 곱셈식은 무엇일까요?
( $8 \times 3 = 24$ )

2 코스모스는 꽃잎이 8장입니다. 코스모스가 6송이 있다면, 코스모스의 꽃잎 수를 구하는 곱셈식은 무엇일까요?
( $8 \times 6 = 48$ )

3 한 번에 머핀 8개를 만들 수 있는 머핀 틀이 있습니다. 이 머핀 틀이 5개 있다면, 한 번에 만들 수 있는 머핀 개수를 구하는 곱셈식은 무엇일까요?
( $8 \times 5 = 40$ )

4 피자 한 판을 주문하면 8조각으로 잘라서 줍니다. 피자 7판의 조각 수를 구하는 곱셈식은 무엇일까요?
( $8 \times 7 = 56$ )

66 초등수학 2학년 2학기

### 개념 펼치기
정답 15쪽

애벌레의 다리 수를 2개씩, 4개씩, 8개씩 세어 보고, 곱셈식으로 쓰세요.

2개씩, 4개씩, 8개씩 세어 봐!

1
$2 \times 2 = 4$
$4 \times 1 = 4$

2
$2 \times 4 = 8$
$4 \times 2 = 8$
$8 \times 1 = 8$

3
$2 \times 8 = 16$
$4 \times 4 = 16$
$8 \times 2 = 16$

2. 곱셈구구 67

정답 및 해설

## 개념 쏙쏙 7씩 커지는 7단 곱셈구구

⑦ 7단 곱셈구구

| | |
|---|---|
| 7=7 ·········· <br> 1번 | 7 × 1 = 7 |
| 7+7=14 <br> 2번 | 7 × 2 = 14 |
| 7+7+7=21 <br> 3번 | 7 × 3 = 21 |
| 7+7+7+7=28 <br> 4번 | 7 × 4 = 28 |
| 7+7+7+7+7=35 <br> 5번 | 7 × 5 = 35 |
| 7+7+7+7+7+7=42 <br> 6번 | 7 × 6 = 42 |
| 7+7+7+7+7+7+7=49 <br> 7번 | 7 × 7 = 49 |
| 7+7+7+7+7+7+7+7=56 <br> 8번 | 7 × 8 = 56 |
| 7+7+7+7+7+7+7+7+7=63 <br> 9번 | 7 × 9 = 63 |

## 개념 익히기

정답 16쪽

덧셈식을 곱셈식으로 쓰세요.

1 7+7+7+7+7=35
➡ 7×5=35

2 7+7+7=21
➡ 7×3=21

3 7+7+7+7=28
➡ 7×4=28

## 개념 다지기

정답 16쪽

사인펜의 수를 쓰세요.

7씩 더하면서 빈칸을 채워도 좋아.

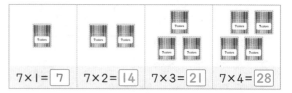

7×1= 7    7×2= 14    7×3= 21    7×4= 28

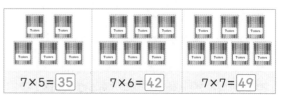

7×5= 35    7×6= 42    7×7= 49

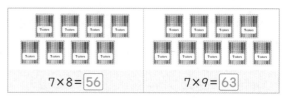

7×8= 56    7×9= 63

곱셈표를 완성하세요.

| × | 1 | 2 | 3 | 4 | 5 | 6 | 7 | 8 | 9 |
|---|---|---|---|---|---|---|---|---|---|
| 7 | 7 | 14 | 21 | 28 | 35 | 42 | 49 | 56 | 63 |

## 개념 다지기

정답 16쪽

관계있는 것끼리 선으로 이으세요.

7단은 좀 어렵지?
그래도 확실히 1회를 돌아야 해.

7×1 — 42
7×3 — 7
7×6 — 21

7×2 — 63
7×9 — 56
7×4 — 14
7×8 — 28

7×5 — 49
7×7 — 35

## 개념 펼치기

정답 16쪽

7단 곱셈구구를 차례대로 썼습니다. 틀린 곳 1군데를 찾아 바르게 고치세요.

7단을 소리 내어 외우면서
틀린 곳을 찾아봐.

1
7 — 14 — ~~22~~ — 28 — 35 — 42 — 49 — 56 — 63
21

2
7 — 14 — 21 — 28 — 35 — 42 — 49 — ~~54~~ — 63
56

3
7 — 14 — 21 — ~~29~~ — 35 — 42 — 49 — 56 — 63
28

4
7 — 14 — 21 — 28 — 35 — 42 — ~~48~~ — 56 — 63
49

5
7 — 14 — 21 — 28 — ~~36~~ — 42 — 49 — 56 — 63
35

6
7 — 14 — 21 — 28 — 35 — ~~41~~ — 49 — 56 — 63
42

## 개념 쏙쏙  9씩 커지는 9단 곱셈구구

⑧ 9단 곱셈구구

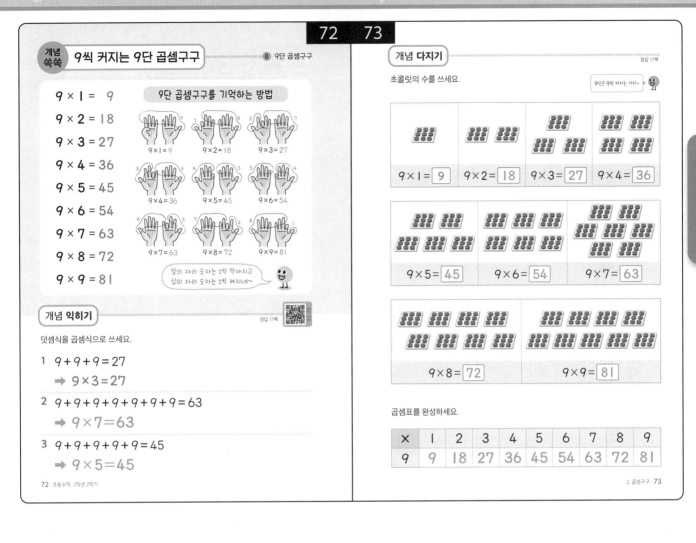

$9 \times 1 = 9$
$9 \times 2 = 18$
$9 \times 3 = 27$
$9 \times 4 = 36$
$9 \times 5 = 45$
$9 \times 6 = 54$
$9 \times 7 = 63$
$9 \times 8 = 72$
$9 \times 9 = 81$

**9단 곱셈구구를 기억하는 방법**

$9 \times 1 = 9$   $9 \times 2 = 18$   $9 \times 3 = 27$
$9 \times 4 = 36$   $9 \times 5 = 45$   $9 \times 6 = 54$
$9 \times 7 = 63$   $9 \times 8 = 72$   $9 \times 9 = 81$

일의 자리 숫자는 1씩 작아지고
십의 자리 숫자는 1씩 커지네~

### 개념 익히기

정답 17쪽

덧셈식을 곱셈식으로 쓰세요.

1  $9 + 9 + 9 = 27$
  ➡ $9 \times 3 = 27$

2  $9 + 9 + 9 + 9 + 9 + 9 + 9 = 63$
  ➡ $9 \times 7 = 63$

3  $9 + 9 + 9 + 9 + 9 = 45$
  ➡ $9 \times 5 = 45$

### 개념 다지기

정답 17쪽

초콜릿의 수를 쓰세요.

9단은 9씩 커지는 거지~

$9 \times 1 = \boxed{9}$   $9 \times 2 = \boxed{18}$   $9 \times 3 = \boxed{27}$   $9 \times 4 = \boxed{36}$

$9 \times 5 = \boxed{45}$   $9 \times 6 = \boxed{54}$   $9 \times 7 = \boxed{63}$

$9 \times 8 = \boxed{72}$   $9 \times 9 = \boxed{81}$

곱셈표를 완성하세요.

| × | 1 | 2 | 3 | 4 | 5 | 6 | 7 | 8 | 9 |
|---|---|---|---|---|---|---|---|---|---|
| 9 | 9 | 18 | 27 | 36 | 45 | 54 | 63 | 72 | 81 |

정답 및 해설

**74    75**

### 개념 다지기
정답 18쪽

빈칸을 알맞게 채우세요.

> 9단까지 확실히
> 외웠는지 확인해 보자.

**1**
$9 \times 1 = 9$
$9 \times 2 = 18$
$9 \times 3 = 27$
$9 \times 4 = 36$
$9 \times 5 = 45$
$9 \times 6 = 54$
$9 \times 7 = 63$
$9 \times 8 = 72$
$9 \times 9 = 81$

**2**
$7 \times 5 = 35$
$7 \times 7 = 49$
$7 \times 1 = 7$
$7 \times 3 = 21$
$7 \times 8 = 56$
$7 \times 9 = 63$
$7 \times 4 = 28$
$7 \times 2 = 14$
$7 \times 6 = 42$

**3**
$9 \times 9 = 81$
$9 \times 8 = 72$
$9 \times 7 = 63$
$9 \times 6 = 54$
$9 \times 5 = 45$
$9 \times 4 = 36$
$9 \times 3 = 27$
$9 \times 2 = 18$
$9 \times 1 = 9$

**4**
$6 \times 8 = 48$
$4 \times 4 = 16$
$5 \times 2 = 10$
$3 \times 8 = 24$
$8 \times 4 = 32$
$6 \times 5 = 30$
$2 \times 4 = 8$
$4 \times 6 = 24$
$3 \times 6 = 18$

### 개념 펼치기
정답 18~19쪽

주어진 수 카드를 한 번씩만 사용하여 빈칸을 알맞게 채우세요.

> 9와 곱하는 수에 카드를
> 하나씩 넣어 봐~

**1**   3 7 2
$9 \times 3 = 27$

**2**   6 4 3
$9 \times 4 = 36$

**3**   1 2 8
$9 \times 2 = 18$

**4**   5 6 4
$9 \times 6 = 54$

**5**   8 1 9
$9 \times 9 = 81$

**6**   8 2 7
$9 \times 8 = 72$

**7**   3 6 4
$9 \times 4 = 36$

**8**   3 6 7
$9 \times 7 = 63$

---

### 75쪽

**1**   $9 \times \square = \square\square$

3, 7, 2를 순서대로 하나씩 $\square$에
넣어보면서 맞는 경우 찾기

- $9 \times 3 = 27 \rightarrow$ 3, 7, 2 한 번씩 사용
- $9 \times 7 = 63 \rightarrow$ 7, 6, 3 사용
- $9 \times 2 = 18 \rightarrow$ 2, 1, 8 사용

**2**   $9 \times \square = \square\square$

6, 4, 3을 순서대로 하나씩 $\square$에
넣어보면서 맞는 경우 찾기

- $9 \times 6 = 54 \rightarrow$ 6, 5, 4 사용
- $9 \times 4 = 36 \rightarrow$ 6, 4, 3 한 번씩 사용
- $9 \times 3 = 27 \rightarrow$ 3, 2, 7 사용

**3**   $9 \times \square = \square\square$

1, 2, 8을 순서대로 하나씩 $\square$에
넣어보면서 맞는 경우 찾기

- $9 \times 1 = 9 \rightarrow$ 1, 9 사용
- $9 \times 2 = 18 \rightarrow$ 1, 2, 8 한 번씩 사용
- $9 \times 8 = 72 \rightarrow$ 8, 7, 2 사용

**4**   $9 \times \square = \square\square$

5, 6, 4를 순서대로 하나씩 $\square$에
넣어보면서 맞는 경우 찾기

- $9 \times 5 = 45 \rightarrow$ 5, 4 사용
- $9 \times 6 = 54 \rightarrow$ 5, 6, 4 한 번씩 사용
- $9 \times 4 = 36 \rightarrow$ 4, 3, 6 사용

**5**  $9 \times \square = \square\square$

8, 1, 9를 순서대로 하나씩 □에
넣어보면서 맞는 경우 찾기

- $9 \times \boxed{8} = \boxed{7}\boxed{2}$ → 8, 7, 2 사용
- $9 \times \boxed{1} = \boxed{9}$ → 1, 9 사용
- $9 \times \boxed{9} = \boxed{8}\boxed{1}$ → 8, 1, 9 한 번씩 사용

**6**  $9 \times \square = \square\square$

8, 2, 7을 순서대로 하나씩 □에
넣어보면서 맞는 경우 찾기

- $9 \times \boxed{8} = \boxed{7}\boxed{2}$ → 8, 2, 7 한 번씩 사용
- $9 \times \boxed{2} = \boxed{1}\boxed{8}$ → 2, 1, 8 사용
- $9 \times \boxed{7} = \boxed{6}\boxed{3}$ → 7, 6, 3 사용

**7**  $9 \times \square = \square\square$

3, 6, 4를 순서대로 하나씩 □에
넣어보면서 맞는 경우 찾기

- $9 \times \boxed{3} = \boxed{2}\boxed{7}$ → 3, 2, 7 사용
- $9 \times \boxed{6} = \boxed{5}\boxed{4}$ → 6, 5, 4 사용
- $9 \times \boxed{4} = \boxed{3}\boxed{6}$ → 3, 6, 4 한 번씩 사용

**8**  $9 \times \square = \square\square$

3, 6, 7을 순서대로 하나씩 □에
넣어보면서 맞는 경우 찾기

- $9 \times \boxed{3} = \boxed{2}\boxed{7}$ → 3, 2, 7 사용
- $9 \times \boxed{6} = \boxed{5}\boxed{4}$ → 6, 5, 4 사용
- $9 \times \boxed{7} = \boxed{6}\boxed{3}$ → 3, 6, 7 한 번씩 사용

---

**76  77**

### 개념 쏙쏙  1씩 커지는 1단 곱셈구구

⑨ 1단 곱셈구구

★ **곱셈식**은 **덧셈식**으로 쓸 수 있어요.

$2 \times 4 = 2 + 2 + 2 + 2$

2를 4번 더한다는 뜻

★ 1을 여러 번 더하는 것은?
→ 1단 곱셈구구!

$7 = 1 + 1 + 1 + 1 + 1 + 1 + 1$

1을 7번 더하기

★ $1 \times \heartsuit = \heartsuit$

예 $1 \times 358 = 358$

| | |
|---|---|
| $1 \times 1 =$ | $1$ |
| $1 \times 2 =$ | $2$ |
| $1 \times 3 =$ | $3$ |
| $1 \times 4 =$ | $4$ |
| $1 \times 5 =$ | $5$ |
| $1 \times 6 =$ | $6$ |
| $1 \times 7 =$ | $7$ |
| $1 \times 8 =$ | $8$ |
| $1 \times 9 =$ | $9$ |

### 개념 익히기

정답 19쪽

꽃병에 꽂혀있는 꽃의 수를 구하는 곱셈식을 완성하세요.

**1**  $1 \times \boxed{1} = \boxed{1}$

**2**  $1 \times \boxed{4} = \boxed{4}$

**3**  $1 \times \boxed{3} = \boxed{3}$

### 개념 다지기

정답 19쪽

곱셈표를 완성하세요.

**1**

| × | 1 | 2 | 3 | 4 | 5 | 6 | 7 | 8 | 9 |
|---|---|---|---|---|---|---|---|---|---|
| 1 | 1 | 2 | 3 | 4 | 5 | 6 | 7 | 8 | 9 |

**2**

| × | 10 | 20 | 30 | 40 | 50 | 60 | 70 | 80 | 90 |
|---|----|----|----|----|----|----|----|----|----|
| 1 | 10 | 20 | 30 | 40 | 50 | 60 | 70 | 80 | 90 |

**3**

| × | 1 | 2 | 3 | 4 | 5 | 6 | 7 | 8 | 9 |
|---|---|---|---|---|---|---|---|---|---|
| 9 | 9 | 18 | 27 | 36 | 45 | 54 | 63 | 72 | 81 |

**4**

| × | 1 | 2 | 3 | 4 | 5 | 6 | 7 | 8 | 9 |
|---|---|---|---|---|---|---|---|---|---|
| 8 | 8 | 16 | 24 | 32 | 40 | 48 | 56 | 64 | 72 |

**5**

| × | 1 | 2 | 3 | 4 | 5 | 6 | 7 | 8 | 9 |
|---|---|---|---|---|---|---|---|---|---|
| 7 | 7 | 14 | 21 | 28 | 35 | 42 | 49 | 56 | 63 |

## 개념 쏙쏙  0과 곱하면 항상 0

⑩ 0의 곱

$0 \times 1 = 0$
$0 \times 2 = 0$
$0 \times 3 = 0$
$0 \times 4 = 0$
$0 \times 5 = 0$
$0 \times 6 = 0$
$0 \times 7 = 0$
$0 \times 8 = 0$
$0 \times 9 = 0$

0은 아무리 여러 번 더해도 0이야!

$0 \times 3 = 0 + 0 + 0 = 0$
└ 0을 3번 + ┘

★ 아무리 큰 수라도 0과 곱하면 0이에요.
예 $0 \times 100 = 0$

## 개념 익히기

빈칸을 알맞게 채우세요.

**1** $0 \times 8 = \boxed{0}$

**2** $0 \times 59 = \boxed{0}$

**3** $0 \times 7042 = \boxed{0}$

## 개념 다지기

다트 던지기 점수를 계산하려고 합니다. 표의 빈칸을 알맞게 채우고, 총 점수를 쓰세요.

0과 곱하면 무조건 0이었지

**1**

| 다트 판에 적힌 점수 | 0점 | 1점 | 2점 |
|---|---|---|---|
| 맞힌 다트 수 | 2개 | 0개 | 1개 |
| 점수(점) | $0 \times 2 = \boxed{0}$ | $1 \times 0 = \boxed{0}$ | $2 \times 1 = \boxed{2}$ |

➡ 총 점수: $\boxed{2}$ 점

**2**

| 다트 판에 적힌 점수 | 0점 | 1점 | 2점 |
|---|---|---|---|
| 맞힌 다트 수 | 4개 | 0개 | 0개 |
| 점수(점) | $0 \times \boxed{4} = \boxed{0}$ | $1 \times \boxed{0} = \boxed{0}$ | $2 \times \boxed{0} = \boxed{0}$ |

➡ 총 점수: $\boxed{0}$ 점

**3**

| 다트 판에 적힌 점수 | 0점 | 1점 | 2점 |
|---|---|---|---|
| 맞힌 다트 수 | 1개 | 3개 | 0개 |
| 점수(점) | $0 \times \boxed{1} = \boxed{0}$ | $1 \times \boxed{3} = \boxed{3}$ | $2 \times \boxed{0} = \boxed{0}$ |

➡ 총 점수: $\boxed{3}$ 점

**4**

| 다트 판에 적힌 점수 | 0점 | 1점 | 2점 |
|---|---|---|---|
| 맞힌 다트 수 | $\boxed{3}$개 | $\boxed{0}$개 | $\boxed{2}$개 |
| 점수(점) | $0 \times \boxed{3} = \boxed{0}$ | $1 \times \boxed{0} = \boxed{0}$ | $2 \times \boxed{2} = \boxed{4}$ |

➡ 총 점수: $\boxed{4}$ 점

## 개념 쏙쏙  곱셈표 만들기

⑪ 곱셈표

| × | 1 | 2 | 3 | 4 | 5 | 6 | 7 | 8 | 9 |
|---|---|---|---|---|---|---|---|---|---|
| 1 | 1 | 2 | 3 | 4 | 5 | 6 | 7 | 8 | 9 |
| 2 | 2 | 4 | 6 | 8 | 10 | 12 | 14 | 16 | 18 |
| 3 | 3 | 6 | 9 | 12 | 15 | 18 | 21 | 24 | 27 |
| 4 | 4 | 8 | 12 | 16 | 20 | 24 | 28 | 32 | 36 |
| 5 | 5 | 10 | 15 | 20 | 25 | 30 | 35 | 40 | 45 |
| 6 | 6 | 12 | 18 | 24 | 30 | 36 | 42 | 48 | 54 |
| 7 | 7 | 14 | 21 | 28 | 35 | 42 | 49 | 56 | 63 |
| 8 | 8 | 16 | 24 | 32 | 40 | 48 | 56 | 64 | 72 |
| 9 | 9 | 18 | 27 | 36 | 45 | 54 | 63 | 72 | 81 |

$2 \times 3$은 $3 \times 2$와 똑같구나~

점선을 따라 곱셈표를 반으로 접으면 같은 수끼리 겹쳐지네~

## 개념 익히기

위의 곱셈표를 완성하고, 물음에 답하세요.

**1** 2씩 커지는 곱셈구구는 몇 단일까요?
➡ 2단

**2** 3단 곱셈구구는 곱이 얼마씩 커질까요?
➡ 3

**3** 곱이 짝수로만 나오는 곱셈구구는 몇 단일까요?
➡ 2단, 4단, 6단, 8단

## 개념 다지기

왼쪽의 곱셈표를 보고 물음에 답하세요.

□×△=△×□

**1** 곱이 48인 곱셈구구를 모두 찾아 쓰세요.
( $6 \times 8$, $8 \times 6$ )

**2** 5단 곱셈구구의 수는 일의 자리 숫자가 $\boxed{5}$, $\boxed{0}$ 만 반복됩니다.

**3** 곱이 16인 곱셈구구를 모두 찾아 쓰세요.
( $2 \times 8$, $4 \times 4$, $8 \times 2$ )

**4** $3 \times 8$과 곱이 같은 곱셈구구를 모두 찾아 쓰세요.
( $8 \times 3$, $4 \times 6$, $6 \times 4$ )

**5** 설명에 알맞은 수를 찾아 쓰세요.

- 7단 곱셈구구의 수입니다.
- 홀수입니다.
- 십의 자리 숫자는 40을 나타냅니다.

7단 곱셈구구에서 십의 자리 숫자가 4인 수는 42, 49
그중에서 홀수는 49
( 49 )

**6** 설명에 알맞은 수를 찾아 쓰세요.

- 9단 곱셈구구의 수입니다.
- 짝수입니다.
- 십의 자리 숫자는 50을 나타냅니다.

9단 곱셈구구에서 십의 자리 숫자가 5인 수는 54
( 54 )

## 개념 펼치기

정답 21쪽

식을 세우고 물음에 답하세요.

무엇과 무엇을 곱해야 하는지 문장을 잘 읽어 봐~

1

서윤이네 반 학생들이 2명씩 짝 지어 모둠을 만들었더니, 7모둠이 되었습니다. 서윤이네 반 학생들은 모두 몇 명일까요?

식 $2 \times 7 = 14$    답 14 명

2

책꽂이 한 칸에 책을 5권씩 꽂았더니 6칸이 찼습니다. 책은 모두 몇 권일까요?

식 $5 \times 6 = 30$    답 30 권

3

한 봉지에 7개씩 들어있는 젤리를 8봉지 샀습니다. 젤리는 모두 몇 개일까요?

식 $7 \times 8 = 56$    답 56 개

4

재희네 모둠은 4명이고, 모두 9살입니다. 재희네 모둠원의 나이를 모두 합하면 몇 살일까요?

식 $9 \times 4 = 36$    답 36 살

82 초등수학 2학년 2학기

## 개념 펼치기

정답 21~22쪽

2가지 방법으로 개수를 구하세요.

곱셈부터 한 다음에 더하거나 빼기

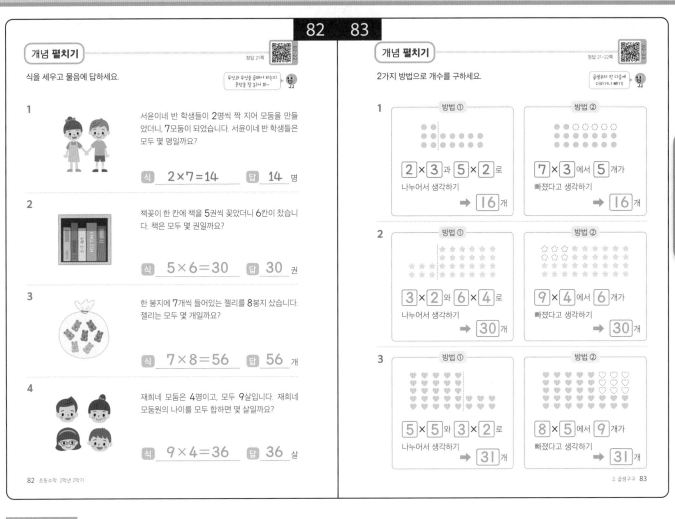

1

방법 ①

$2 \times 3$ 과 $5 \times 2$ 로 나누어서 생각하기 ➡ 16 개

방법 ②

$7 \times 3$ 에서 5 개가 빠졌다고 생각하기 ➡ 16 개

2

방법 ①

$3 \times 2$ 와 $6 \times 4$ 로 나누어서 생각하기 ➡ 30 개

방법 ②

$9 \times 4$ 에서 6 개가 빠졌다고 생각하기 ➡ 30 개

3

방법 ①

$5 \times 5$ 와 $3 \times 2$ 로 나누어서 생각하기 ➡ 31 개

방법 ②

$8 \times 5$ 에서 9 개가 빠졌다고 생각하기 ➡ 31 개

2. 곱셈구구 83

## 83쪽

1    〈방법 ①〉

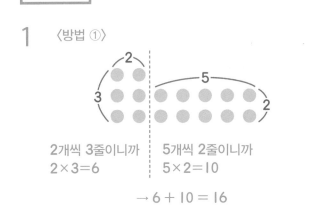

2개씩 3줄이니까    5개씩 2줄이니까
$2 \times 3 = 6$    $5 \times 2 = 10$
→ $6 + 10 = 16$

〈방법 ②〉

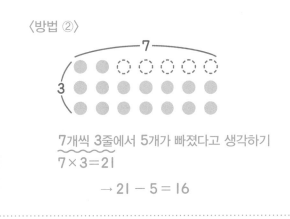

7개씩 3줄에서 5개가 빠졌다고 생각하기
$7 \times 3 = 21$
→ $21 - 5 = 16$

2    〈방법 ①〉

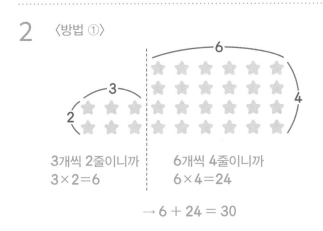

3개씩 2줄이니까    6개씩 4줄이니까
$3 \times 2 = 6$    $6 \times 4 = 24$
→ $6 + 24 = 30$

〈방법 ②〉

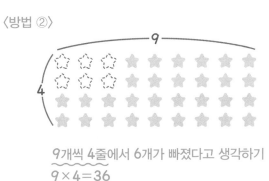

9개씩 4줄에서 6개가 빠졌다고 생각하기
$9 \times 4 = 36$
→ $36 - 6 = 30$

# 정답 및 해설

## 83쪽

3 〈방법 ①〉

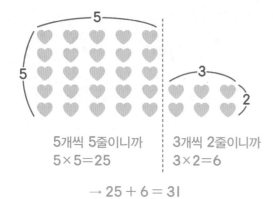

5개씩 5줄이니까
$5 \times 5 = 25$

3개씩 2줄이니까
$3 \times 2 = 6$

$\rightarrow 25 + 6 = 31$

〈방법 ②〉

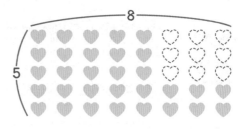

8개씩 5줄에서 9개가 빠졌다고 생각하기
$8 \times 5 = 40$

$\rightarrow 40 - 9 = 31$

---

**84      85**

### 개념 마무리

2단원 곱셈구구

정답 22쪽

**1** 그림을 보고 빈칸을 알맞게 채우세요.

$2 \times \boxed{5} = \boxed{10}$

**2** 덧셈식을 곱셈식으로 쓰세요.

$4+4+4+4+4+4 = 24$

➡ $4 \times 6 = 24$

**3** ♥에 공통으로 들어갈 수를 쓰세요.

$7 \times 1 = 7$   $1 \times 5 = 5$

( 1 )

**4** 6단 곱셈구구의 수를 따라 순서대로 선을 그어 미로를 탈출하세요.

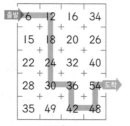

**5** ♥가 모두 몇 개인지 알아보려고 합니다. 올바른 방법을 모두 찾아 기호를 쓰세요.

㉠ $4 \times 4$로 구합니다.
㉡ 2씩 8번 더해서 구합니다.
㉢ 8씩 3묶음으로 구합니다. → 8씩 2묶음
㉣ 4씩 4번 더해서 구합니다.

( ㉠, ㉡, ㉣ )

**6** 곱의 크기를 비교해 ○ 안에 >, < 를 알맞게 쓰세요.

$7 \times 8$ > $9 \times 6$
$= 56$    $= 54$

**7** 전체 젤리의 수를 구하는 곱셈식을 2개 쓰세요.

$9 \times \boxed{2} = \boxed{18}$

$2 \times \boxed{9} = \boxed{18}$

**8** 수 카드 3장 중에서 가장 큰 수와 가장 작은 수의 곱을 쓰세요.

( 0 )

$8 \times 0 = 0$

**9** 빈칸을 알맞게 채우세요.

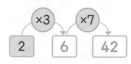

**10** 곱이 같은 것끼리 선으로 이으세요.

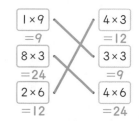

**11** 곱이 30보다 큰 곱셈식을 모두 찾아 기호를 쓰세요.

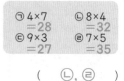

( ㉡, ㉣ )

84 초등수학 2학년 2학기

2. 곱셈구구 85

22 초등수학 2학년 2학기

**개념 마무리**

12 곱셈구구를 이용하여 단추의 개수를 구하세요.

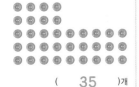

( 35 )개

13 두 곱셈식의 곱이 같을 때, ●에 들어갈 수를 쓰세요.

| 3 × 8 | 6 × ● |
|---|---|
| 3×8=24 | 6×4=24 |

( 4 )

[14-16] 곱셈표를 보고 물음에 답하세요.

| × | 4 | 5 | 6 | 7 | 8 | 9 |
|---|---|---|---|---|---|---|
| 4 | 16 | 20 | 24 | 28 | 32 | 36 |
| 5 | 20 | 25 | 30 | 35 | 40 | 45 |
| 6 | 24 | 30 | 36 | 42 | 48 | 54 |
| 7 | 28 | 35 | 42 | 49 | 56 | 63 |
| 8 | 32 | 40 | 48 | 56 | 64 | 72 |
| 9 | 36 | 45 | 54 | 63 | 72 | 81 |

14 빈칸을 알맞게 채워 곱셈표를 완성하세요.

15 □ 안의 수들은 어떤 규칙이 있는지 쓰세요.

규칙: 아래로 내려갈수록 [ 7 ]씩 커집니다.

16 곱셈표에서 곱이 36인 곱셈식을 모두 찾아 쓰세요.

[ 4 ] × [ 9 ] = 36
[ 6 ] × [ 6 ] = 36
[ 9 ] × [ 4 ] = 36

---

정답 23쪽
2단원 **곱셈구구**

17 예지의 나이는 9살이고, 예지의 어머니의 나이는 예지 나이의 5배입니다. 어머니의 나이는 몇 살일까요?

식 　9×5=45

답 　45 살

18 설명에 알맞은 수를 쓰세요.

- 8단 곱셈구구의 수입니다.
- 60보다 큰 수입니다.
- 일의 자리 숫자는 4를 나타냅니다.

( 64 )

✎서술형
19 0×8=0인 이유를 쓰세요.

이유 예 0을 8번 더하면 0이 되기 때문입니다.

✎서술형
20 농장에 돼지 4마리와 닭 7마리가 있습니다. 농장에 있는 동물의 다리는 모두 몇 개인지 풀이 과정을 쓰고, 답을 구하세요.

풀이 예 돼지의 다리는 4개이므로 4×4=16(개), 닭의 다리는 2개이므로 2×7=14(개)입니다. 따라서 동물의 다리 수는 모두 16+14=30(개)입니다.

답 　30 개

---

## 86~87쪽

**12** 〈방법 ①〉

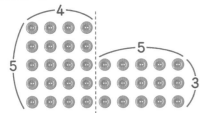

4개씩 5줄이니까　5개씩 3줄이니까
4×5=20　　　5×3=15

→ 20 + 15 = 35

〈방법 ②〉

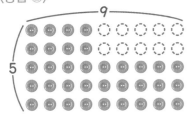

9개씩 5줄에서 10개가 빠졌다고 생각하기
9×5=45

→ 45 − 10 = 35

**18**

- 8단 곱셈구구의 수입니다.
- 60보다 큰 수입니다.

→ 8단 곱셈구구의 수 중에서 60보다 큰 수는 64, 72

- 일의 자리 숫자는 4를 나타냅니다.

→ 정답은 64

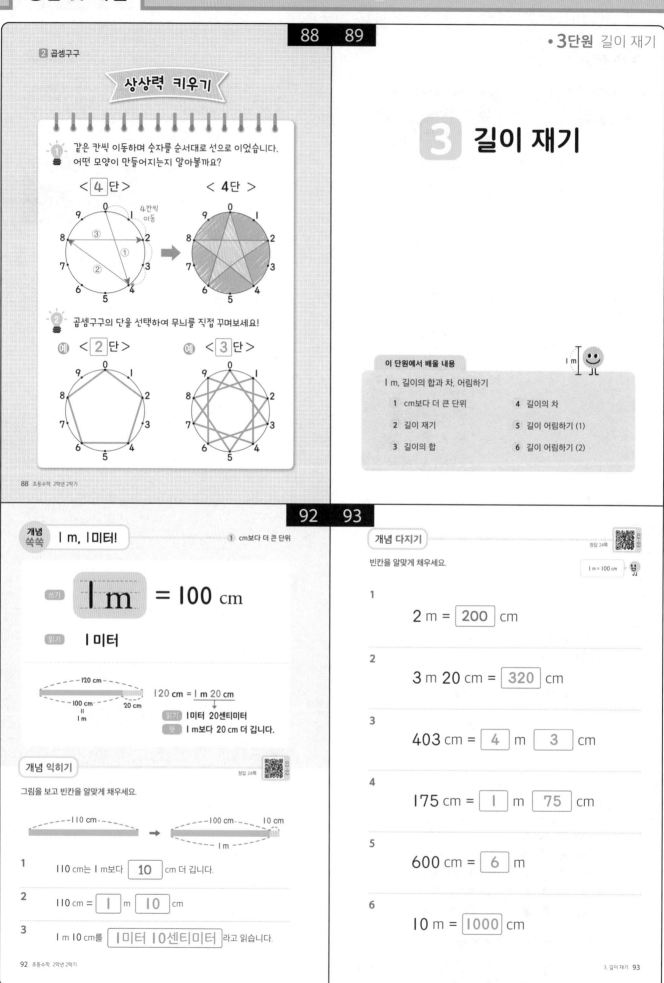

2 곱셈구구

## 상상력 키우기

1 같은 칸씩 이동하며 숫자를 순서대로 선으로 이었습니다.
어떤 모양이 만들어지는지 알아볼까요?

< 4 단 >          < 4단 >

4칸씩 이동

2 곱셈구구의 단을 선택하여 무늬를 직접 꾸며보세요!

예 < 2 단 >        예 < 3 단 >

88 초등수학 2학년 2학기

•**3단원** 길이 재기

## 3 길이 재기

**이 단원에서 배울 내용**

I m, 길이의 합과 차, 어림하기

1  cm보다 더 큰 단위        4  길이의 차

2  길이 재기              5  길이 어림하기 (1)

3  길이의 합              6  길이 어림하기 (2)

**개념 쏙쏙**  I m, I미터!                    1  cm보다 더 큰 단위

쓰기  $I m = 100 cm$

읽기  I 미터

120 cm = I m 20 cm
↓
읽기  I미터 20센티미터
뜻    I m보다 20 cm 더 깁니다.

### 개념 익히기

정답 24쪽

그림을 보고 빈칸을 알맞게 채우세요.

1  110 cm는 I m보다  **10**  cm 더 깁니다.

2  110 cm =  **I**  m  **10**  cm

3  I m 10 cm를  **I미터 10센티미터**  라고 읽습니다.

92 초등수학 2학년 2학기

### 개념 다지기

정답 24쪽

빈칸을 알맞게 채우세요.

I m = 100 cm

1  2 m =  **200**  cm

2  3 m 20 cm =  **320**  cm

3  403 cm =  **4**  m  **3**  cm

4  175 cm =  **I**  m  **75**  cm

5  600 cm =  **6**  m

6  10 m =  **1000**  cm

3. 길이 재기 93

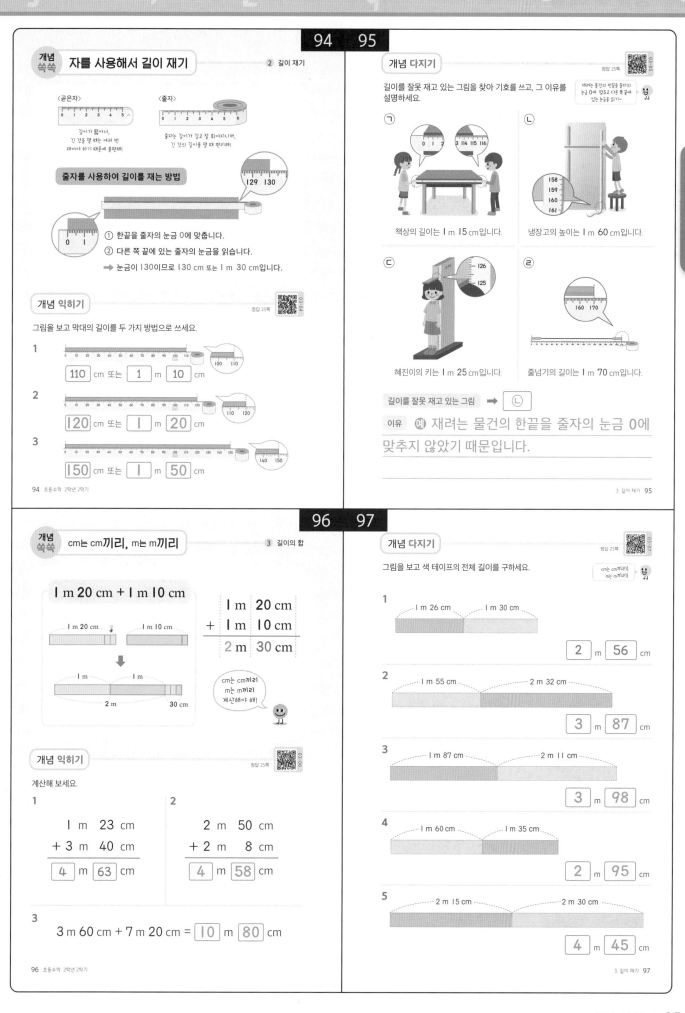

## 개념 쏙쏙 자를 사용해서 길이 재기

2 길이 재기

〈곧은자〉

〈줄자〉

길이가 짧아서,
긴 것을 잴 때는 여러 번
재어야 하기 때문에 불편해!

줄자는 길이가 길고 잘 휘어지니까,
긴 것의 길이를 잴 때 편리해!

**줄자를 사용하여 길이를 재는 방법**

129　130

0　1

① 한끝을 줄자의 눈금 0에 맞춥니다.

② 다른 쪽 끝에 있는 줄자의 눈금을 읽습니다.

➡ 눈금이 130이므로 130 cm 또는 1 m 30 cm입니다.

### 개념 익히기

정답 25쪽

그림을 보고 막대의 길이를 두 가지 방법으로 쓰세요.

**1** 110 cm 또는 1 m 10 cm

**2** 120 cm 또는 1 m 20 cm

**3** 150 cm 또는 1 m 50 cm

94 초등수학 2학년 2학기

---

### 개념 다지기

정답 25쪽

재려는 물건의 한끝을 줄자의 눈금 0에 맞추고 다른 쪽 끝에 있는 눈금을 읽기~

길이를 잘못 재고 있는 그림을 찾아 기호를 쓰고, 그 이유를 설명하세요.

㉠ 책상의 길이는 1 m 15 cm입니다.

㉡ 냉장고의 높이는 1 m 60 cm입니다.

㉢ 혜진이의 키는 1 m 25 cm입니다.

㉣ 줄넘기의 길이는 1 m 70 cm입니다.

길이를 잘못 재고 있는 그림 ➡ ㉡

이유 예 재려는 물건의 한끝을 줄자의 눈금 0에 맞추지 않았기 때문입니다.

3. 길이 재기 95

## 개념 쏙쏙 cm는 cm끼리, m는 m끼리

3 길이의 합

### 1 m 20 cm + 1 m 10 cm

1 m 20 cm

1 m 10 cm

```
    1 m   20 cm
+   1 m   10 cm
─────────────────
    2 m   30 cm
```

1 m

1 m

2 m

30 cm

cm는 cm끼리
m는 m끼리
계산해야 해!

### 개념 익히기

정답 25쪽

계산해 보세요.

**1**
```
    1 m   23 cm
+   3 m   40 cm
─────────────────
    4 m   63 cm
```

**2**
```
    2 m   50 cm
+   2 m    8 cm
─────────────────
    4 m   58 cm
```

**3** 3 m 60 cm + 7 m 20 cm = 10 m 80 cm

96 초등수학 2학년 2학기

---

### 개념 다지기

정답 25쪽

cm는 cm끼리
m는 m끼리

그림을 보고 색 테이프의 전체 길이를 구하세요.

**1** 1 m 26 cm　1 m 30 cm

2 m 56 cm

**2** 1 m 55 cm　2 m 32 cm

3 m 87 cm

**3** 1 m 87 cm　2 m 11 cm

3 m 98 cm

**4** 1 m 60 cm　1 m 35 cm

2 m 95 cm

**5** 2 m 15 cm　2 m 30 cm

4 m 45 cm

3. 길이 재기 97

## 98 99

### 개념 쏙쏙 같은 단위 끼리끼리

4 길이의 차

$$2\,m\ 30\,cm - 1\,m\ 10\,cm$$

|   | 2 m | 30 cm |
|---|-----|-------|
| − | 1 m | 10 cm |
|   | 1 m | 20 cm |

길이의 차도 길이의 합처럼 끼리끼리 계산해!

### 개념 익히기

계산해 보세요.

**1**

|   | 6 m | 87 cm |
|---|-----|-------|
| − | 4 m | 32 cm |
|   | 2 m | 55 cm |

**2**

|   | 5 m | 48 cm |
|---|-----|-------|
| − | 2 m | 31 cm |
|   | 3 m | 17 cm |

**3**

$3\,m\ 70\,cm - 2\,m\ 40\,cm = \boxed{1}\,m\ \boxed{30}\,cm$

98 초등수학 2학년 2학기

### 개념 다지기

그림을 보고 사용한 리본의 길이를 구하세요.

처음 길이에서 나중 길이를 빼면 얼마만큼 사용했는지 알 수 있어!

**1**
- 처음 길이: ──── 3 m 71 cm
- 나중 길이: ── 2 m
- → 사용한 길이 : $\boxed{1}$ m $\boxed{71}$ cm

**2**
- 처음 길이: ──── 3 m 48 cm
- 나중 길이: ── 2 m 15 cm
- → 사용한 길이 : $\boxed{1}$ m $\boxed{33}$ cm

**3**
- 처음 길이: ── 2 m 65 cm
- 나중 길이: 60 cm
- → 사용한 길이 : $\boxed{2}$ m $\boxed{5}$ cm

**4**
- 처음 길이: ──── 3 m 92 cm
- 나중 길이: ── 1 m 60 cm
- → 사용한 길이 : $\boxed{2}$ m $\boxed{32}$ cm

**5**
- 처음 길이: ──── 4 m 39 cm
- 나중 길이: ── 2 m 27 cm
- → 사용한 길이 : $\boxed{2}$ m $\boxed{12}$ cm

3. 길이 재기 99

## 100 101

### 개념 펼치기

조건에 맞는 길이를 몇 m 몇 cm로 쓰고, 두 길이의 차를 구하세요.

몇 m 몇 cm로 단위를 맞춰서 비교해 봐!

**1**
- 437 cm =4 m 37 cm
- 4 m 73 cm
- 477 cm =4 m 77 cm
- 가장 긴 길이: $\underline{4}$ m $\underline{77}$ cm
- 가장 짧은 길이: $\underline{4}$ m $\underline{37}$ cm
- 두 길이의 차: $\underline{40}$ cm

|   | 4 m | 77 cm |
|---|-----|-------|
| − | 4 m | 37 cm |
|   |     | 40 cm |

**2**
- 1 m 42 cm
- 1 m 3 cm
- 144 cm =1 m 44 cm
- 가장 긴 길이: $\underline{1}$ m $\underline{44}$ cm
- 가장 짧은 길이: $\underline{1}$ m $\underline{3}$ cm
- 두 길이의 차: $\underline{41}$ cm

|   | 1 m | 44 cm |
|---|-----|-------|
| − | 1 m | 3 cm |
|   |     | 41 cm |

**3**
- 7 m 42 cm
- 702 cm =7 m 2 cm
- 7 m 24 cm
- 가장 긴 길이: $\underline{7}$ m $\underline{42}$ cm
- 가장 짧은 길이: $\underline{7}$ m $\underline{2}$ cm
- 두 길이의 차: $\underline{40}$ cm

|   | 7 m | 42 cm |
|---|-----|-------|
| − | 7 m | 2 cm |
|   |     | 40 cm |

**4**
- 6 m 29 cm
- 6 m 3 cm
- 630 cm =6 m 30 cm
- 가장 긴 길이: $\underline{6}$ m $\underline{30}$ cm
- 가장 짧은 길이: $\underline{6}$ m $\underline{3}$ cm
- 두 길이의 차: $\underline{27}$ cm

|   | 6 m | 30 cm |
|---|-----|-------|
| − | 6 m | 3 cm |
|   |     | 27 cm |

100 초등수학 2학년 2학기

### 개념 펼치기

물음에 답하세요.

길이를 계산하는 식을 쓸 때는 단위를 꼭 써야 해!

**1** 길이가 1 m 15 cm인 고무줄이 있습니다. 이 고무줄을 양쪽에서 잡아당겼더니 2 m 48 cm가 되었습니다. 고무줄의 길이는 처음보다 얼마나 늘어났을까요?

식 2 m 48 cm − 1 m 15 cm = 1 m 33 cm

답 1 m 33 cm

**2** 송이가 가진 색 테이프는 3 m 20 cm이고, 규현이가 가진 색 테이프는 2 m 47 cm입니다. 두 사람이 갖고 있는 색 테이프는 모두 몇 m 몇 cm일까요?

식 3 m 20 cm + 2 m 47 cm = 5 m 67 cm

답 5 m 67 cm

**3** 길이가 5 m 76 cm인 리본으로 선물을 포장했더니 3 m 21 cm가 남았습니다. 선물을 포장하는 데 사용한 리본은 몇 m 몇 cm일까요?

식 5 m 76 cm − 3 m 21 cm = 2 m 55 cm

답 2 m 55 cm

**4** 승호네 어머니는 노란색 털실 2 m 44 cm, 파란색 털실 3 m 14 cm를 사용해 스웨터를 짰습니다. 스웨터를 짜는 데 사용한 털실은 모두 몇 m 몇 cm일까요?

식 2 m 44 cm + 3 m 14 cm = 5 m 58 cm

답 5 m 58 cm

3. 길이 재기 101

## 개념 쏙쏙 몸의 부분으로 길이 재기

5 길이 어림하기 (1)

★ 몸의 일부를 이용하여 1 m를 어림할 수 있습니다.

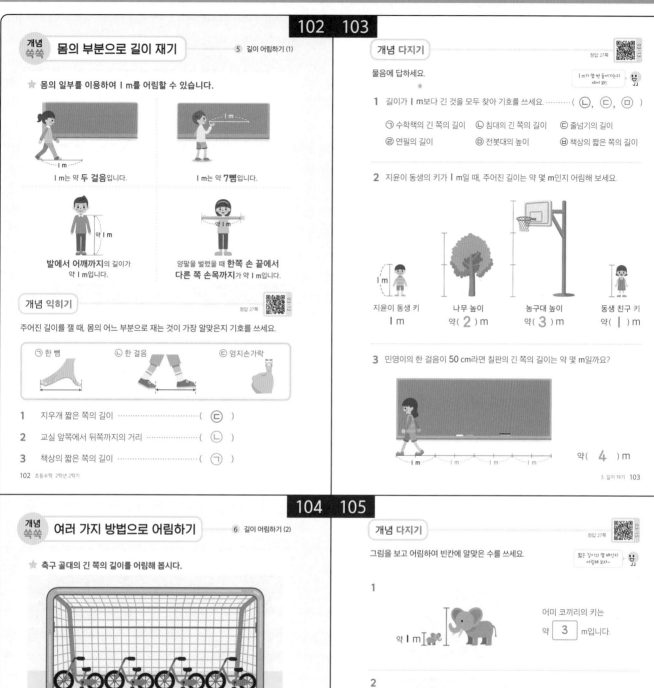

1 m는 약 **두 걸음**입니다.

1 m는 **7뼘**입니다.

발에서 어깨까지의 길이가 약 1 m입니다.

양팔을 벌렸을 때 **한쪽 손 끝**에서 **다른 쪽 손목**까지가 약 1 m입니다.

### 개념 익히기

정답 27쪽

주어진 길이를 잴 때, 몸의 어느 부분으로 재는 것이 가장 알맞은지 기호를 쓰세요.

㉠ 한 뼘    ㉡ 한 걸음    ㉢ 엄지손가락

1  지우개 짧은 쪽의 길이 ·············· ( ㉢ )

2  교실 앞쪽에서 뒤쪽까지의 거리 ·············· ( ㉡ )

3  책상의 짧은 쪽의 길이 ·············· ( ㉠ )

### 개념 다지기

정답 27쪽

물음에 답하세요.

1 m가 몇 번 들어가는지 세어 봐!

1  길이가 1 m보다 긴 것을 모두 찾아 기호를 쓰세요.·········· ( ㉡ , ㉢ , ㉤ )

㉠ 수학책의 긴 쪽의 길이    ㉡ 침대의 긴 쪽의 길이    ㉢ 줄넘기의 길이
㉣ 연필의 길이    ㉤ 전봇대의 높이    ㉥ 책상의 짧은 쪽의 길이

2  지윤이 동생의 키가 1 m일 때, 주어진 길이는 약 몇 m인지 어림해 보세요.

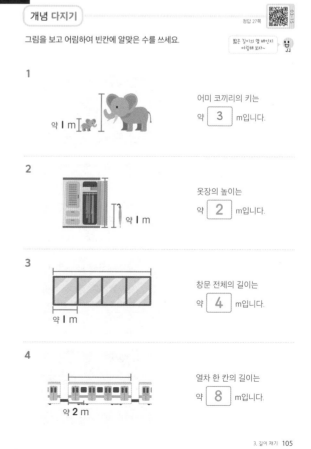

지윤이 동생 키    나무 높이    농구대 높이    동생 친구 키
1 m    약 ( 2 ) m    약 ( 3 ) m    약 ( 1 ) m

3  민영이의 한 걸음이 50 cm라면 칠판의 긴 쪽의 길이는 약 몇 m일까요?

약 ( 4 ) m

## 개념 쏙쏙 여러 가지 방법으로 어림하기

6 길이 어림하기 (2)

★ 축구 골대의 긴 쪽의 길이를 어림해 봅시다.

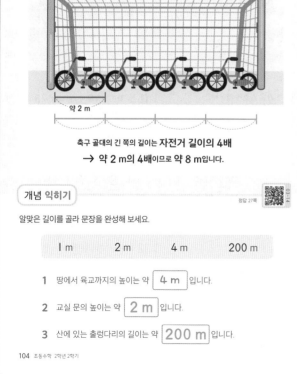

약 2 m

축구 골대의 긴 쪽의 길이는 **자전거 길이의 4배**
→ 약 2 m의 4배이므로 약 8 m입니다.

### 개념 익히기

정답 27쪽

알맞은 길이를 골라 문장을 완성해 보세요.

1 m    2 m    4 m    200 m

1  땅에서 육교까지의 높이는 약 | 4 m | 입니다.

2  교실 문의 높이는 약 | 2 m | 입니다.

3  산에 있는 출렁다리의 길이는 약 | 200 m | 입니다.

### 개념 다지기

정답 27쪽

그림을 보고 어림하여 빈칸에 알맞은 수를 쓰세요.

짧은 길이의 몇 배인지 어림해 보자~

1
약 1 m    어미 코끼리의 키는 약 | 3 | m입니다.

2
약 1 m    옷장의 높이는 약 | 2 | m입니다.

3
약 1 m    창문 전체의 길이는 약 | 4 | m입니다.

4
약 2 m    열차 한 칸의 길이는 약 | 8 | m입니다.

# 정답 및 해설

## 개념 다지기

정답 28쪽

그림을 보고, 길이를 어림하여 빈칸에 알맞은 기호를 쓰세요.

작은 것이 큰 것 안에
몇 번 들어갈지 생각해 봐~

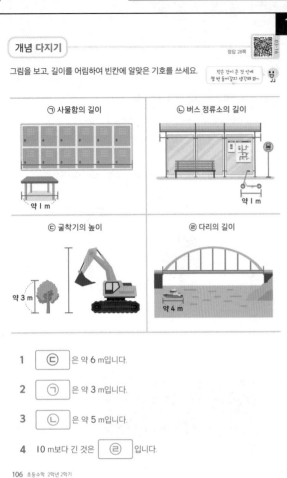

⊙ 사물함의 길이   약 1 m

ⓒ 버스 정류소의 길이   약 1 m

ⓒ 굴착기의 높이   약 3 m

ⓔ 다리의 길이   약 4 m

1   ⓒ 은 약 6 m입니다.

2   ⊙ 은 약 3 m입니다.

3   ⓒ 은 약 5 m입니다.

4   10 m보다 긴 것은   ⓔ   입니다.

106 초등수학 2학년 2학기

## 개념 펼치기

정답 28쪽

 2 m가 몇 번 들어갈까?

길이가 2 m인 줄자를 이용하여 여러 가지 길이를 재려고 합니다. 빈칸을 알맞게 채우세요.

**1**

학교 교문의 긴 쪽의 길이: 줄자로 약 3번
➡ 약 6 m

**2**

교실 게시판의 긴 쪽의 길이: 줄자로 약 2번
➡ 약 4 m

**3**

버스의 길이: 줄자로 약 5번
➡ 약 10 m

**4**

수영장의 짧은 쪽의 길이: 줄자로 약 10번
➡ 약 20 m

**5**

은행나무의 높이: 줄자로 약 7번
➡ 약 14 m

**6**

횡단보도의 길이: 줄자로 약 4번
➡ 약 8 m

3. 길이 재기 107

## 개념 마무리

3단원 **길이 재기**
정답 28쪽

**1** 빈칸을 알맞게 채우세요.

- 100 cm는 1 m입니다.
- 1 m는 1 cm가 100번입니다.

**2** 냉장고의 높이는 몇 m 몇 cm일까요?

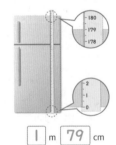

1 m 79 cm

**3** 317 cm를 m와 cm를 사용하여 쓰고, 읽어 보세요.

쓰기 ➡ 3 m 17 cm

읽기 ➡ 3미터 17센티미터

**4** 1 m보다 긴 것에 '긴'이라고 쓰고, 짧은 것에 '짧'이라고 쓰세요.

- 분필의 길이 ············· ( 짧 )
- 교실 한쪽 벽면의 길이 ··· ( 긴 )
- 신발의 길이 ············· ( 짧 )
- 버스 긴 쪽의 길이 ······ ( 긴 )

**5** 빈칸을 알맞게 채우세요.

+1 m 20 cm   +4 m 56 cm

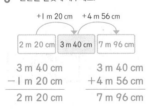

2 m 20 cm   3 m 40 cm   7 m 96 cm

```
  3 m 40 cm
- 1 m 20 cm
  2 m 20 cm
```

```
  3 m 40 cm
+ 4 m 56 cm
  7 m 96 cm
```

**6** 두 길이가 서로 같도록 빈칸을 알맞게 채우세요.

(1) 5 m 39 cm = 539 cm

(2) 127 cm = 1 m 27 cm

**7** 길이를 비교하여 ◯ 안에 >, <를 알맞게 쓰세요.

763 cm ⟩ 7 m 36 cm
=736 cm

**8** 빈칸을 알맞게 채우세요.

3 m 24 cm = 324 cm
5 m 32 cm
8 m 56 cm

```
  8 m 56 cm
- 3 m 24 cm
  5 m 32 cm
```

**9** 주어진 1 m로 끈의 길이를 어림했습니다. 어림한 끈의 길이는 약 몇 m일까요?

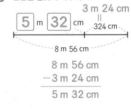
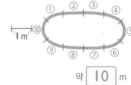

약 10 m

**10** 길이가 짧은 순서대로 기호를 쓰세요.

472 cm

⊙ 4 m 72 cm   ⓒ 527 cm
ⓒ 427 cm   ⓔ 7 m 25 cm
=725 cm

( ⓒ, ⊙, ⓒ, ⓔ )

**11** 수 카드 3장을 한 번씩만 사용하여 가장 긴 길이를 만드세요.

5   3   8

➡ 8 m 5 3 cm

m 단위에 가장 큰 수를 쓰고, 남은 두 수로 가장 큰 두 자리 수를 만들어 cm 단위에 씁니다.

**12** 실제 길이에 가까운 것을 찾아 선으로 이으세요.

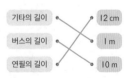

기타의 길이   12 cm
버스의 길이   1 m
연필의 길이   10 m

108 초등수학 2학년 2학기

3. 길이 재기 109

### 개념 마무리

**13** 소율이는 길이가 **792** cm인 리본을 가지고 있습니다. 소율이가 가진 리본으로 길이가 **1** m인 리본을 몇 개 만들 수 있을까요?

( **7** )개
792 cm=7 m 92 cm

[14-15] 그림을 보고 물음에 답하세요.

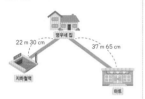

22 m 30 cm　　37 m 65 cm

**14** 마트에서 영우네 집을 지나 지하철 역까지 가는 거리는 몇 m 몇 cm일까요?

37 m 65 cm
+22 m 30 cm　[ 59 ] m [ 95 ] cm
59 m 95 cm

**15** 영우네 집에서 마트와 지하철역 중 어느 곳까지의 거리가 얼마나 더 멀까요?

[ 마트 ]가 [ 15 ] m [ 35 ] cm
더 멉니다.
　37 m 65 cm
　−22 m 30 cm
　15 m 35 cm

**16** 막대의 길이가 **50** cm라면 자동차의 길이는 약 몇 m일까요?

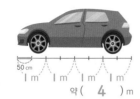

50 cm

1 m　1 m　1 m　1 m
약 ( **4** ) m

**17** 수호와 민주가 멀리뛰기를 했습니다. 수호가 뛴 거리는 **1** m **25** cm이고, 민주가 뛴 거리는 **1** m **30** cm입니다. 두 사람 중 누가 얼마나 더 멀리 뛰었을까요?

식　1 m 30 cm−1 m 25 cm=5 cm

답　[ 민주 ]가 [ 5 ] cm
더 멀리 뛰었습니다.

　1 m 30 cm
−1 m 25 cm
　　　5 cm

---

4 m 58 cm
+6 m 31 cm
10 m 89 cm

**3단원 길이 재기**
정답 29쪽

**18** 길이가 **4** m **58** cm인 분홍색 테이프와 길이가 **6** m **31** cm인 노란색 테이프가 있습니다. 두 색 테이프의 길이의 합은 몇 m 몇 cm일까요?

4 m 58 cm+6 m 31 cm
식　=10 m 89 cm

답　[ 10 ] m [ 89 ] cm

✎서술형
**19** 실제 길이가 **3** m **75** cm인 끈의 길이를 어림한 것입니다. 더 가깝게 어림한 사람은 누구인지 풀이 과정을 쓰고, 답을 구하세요.

| 주은 | 3 m 61 cm |
|------|-----------|
| 희철 | 3 m 85 cm |

풀이　예 주은이가 어림한 길이와 실제 끈의 길이의 차는
3 m 75 cm−3 m 61 cm
=14 cm이고, 희철이가 어림한 길이와 실제 끈의 길이의 차는
3 m 85 cm−3 m 75 cm
=10 cm입니다.
따라서 더 가깝게 어림한 사람은 희철입니다.

답　　희철

✎서술형
**20** 주어진 그림에서 기둥과 기둥 사이의 거리를 구해 보세요.

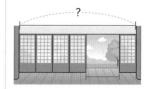

?

• 장지문이 열려있는 곳의 길이는 약 2 m입니다.
• 장지문 한 칸의 길이는 약 1 m 입니다.

풀이　예 문이 열려있는 곳에서 왼쪽 기둥까지의 거리는 약 4 m이고, 오른쪽 기둥까지의 거리는 약 1 m 입니다. 기둥 사이의 거리는 4+2+1=7이므로 약 7 m입니다.

답　약 [ 7 ] m

---

3 길이 재기

### 상상력 키우기

💡 여러분의 키는 얼마인가요? 2가지 방법으로 나타내 보세요.

예
➡ [ 130 ] cm

➡ [ 1 ] m [ 30 ] cm

💡 우리 반 교실 긴 쪽의 길이를 양팔을 벌린 길이로 재어 보세요. 몇 번이 나오나요?

예 9번

---

•**4단원** 시각과 시간

# 4 시각과 시간

**이 단원에서 배울 내용**

• 몇 시 몇 분, 1시간, 하루, 1년

　1 몇 시 몇 분 (1)　　5 하루
　2 몇 시 몇 분 (2)　　6 달력
　3 여러 방법으로 시각 읽기　7 1년
　4 1시간

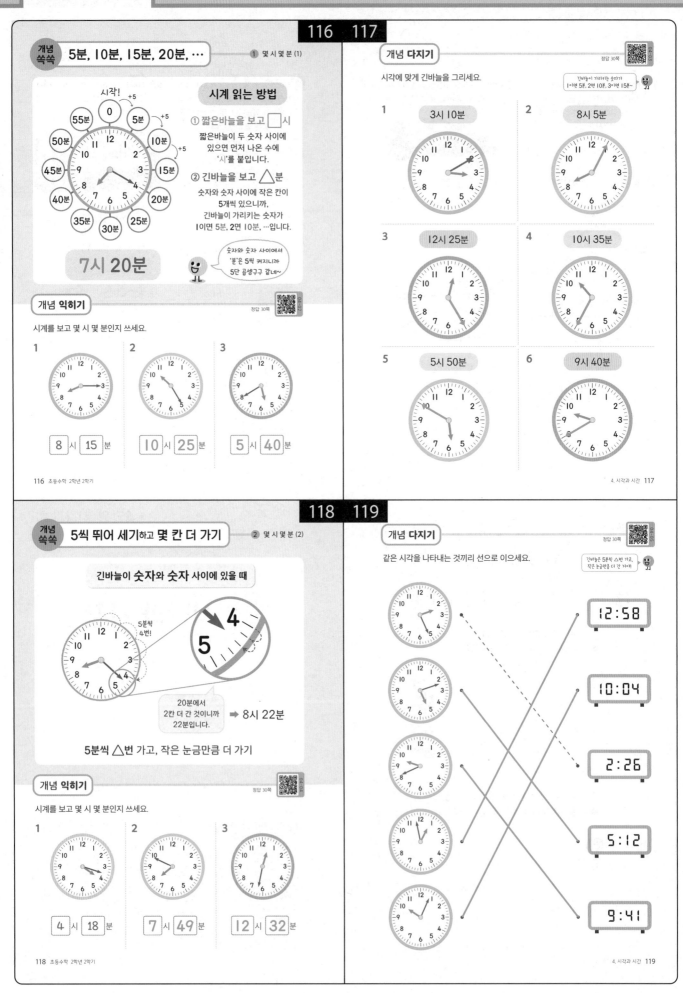

## 116 117

### 개념 쏙쏙  5분, 10분, 15분, 20분, …  ① 몇 시 몇 분 (1)

**시계 읽는 방법**

시작!  +5
0  +5
55분  5분
50분  10분  +5
45분  15분
40분  20분
35분  25분
30분

① 짧은바늘을 보고 □시
짧은바늘이 두 숫자 사이에
있으면 먼저 나온 수에
'시'를 붙입니다.

② 긴바늘을 보고 △분
숫자와 숫자 사이에 작은 칸이
5개씩 있으니까,
긴바늘이 가리키는 숫자가
1이면 5분, 2면 10분, …입니다.

**7시 20분**

숫자와 숫자 사이에서
'분'은 5씩 커지니까
5단 곱셈구구 같네~

#### 개념 익히기

시계를 보고 몇 시 몇 분인지 쓰세요.

1. 8 시 15 분
2. 10 시 25 분
3. 5 시 40 분

116 초등수학 2학년 2학기

### 개념 다지기

시각에 맞게 긴바늘을 그리세요.

긴바늘이 가리키는 숫자가
1이면 5분, 2면 10분, 3이면 15분~

1. 3시 10분
2. 8시 5분
3. 12시 25분
4. 10시 35분
5. 5시 50분
6. 9시 40분

4. 시각과 시간 117

## 118 119

### 개념 쏙쏙  5씩 뛰어 세기하고 몇 칸 더 가기  ② 몇 시 몇 분 (2)

**긴바늘이 숫자와 숫자 사이에 있을 때**

5분씩 4번!

20분에서
2칸 더 간 것이니까
22분입니다.  ➡ 8시 22분

5분씩 △번 가고, 작은 눈금만큼 더 가기

#### 개념 익히기

시계를 보고 몇 시 몇 분인지 쓰세요.

1. 4 시 18 분
2. 7 시 49 분
3. 12 시 32 분

118 초등수학 2학년 2학기

### 개념 다지기

같은 시각을 나타내는 것끼리 선으로 이으세요.

긴바늘은 5분씩 △번 가고,
작은 눈금만큼 더 간 거야

12:58
10:04
2:26
5:12
9:41

4. 시각과 시간 119

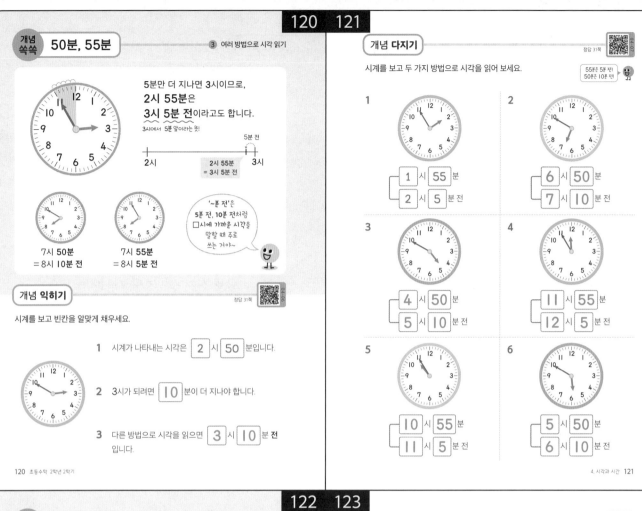

정답 및 해설

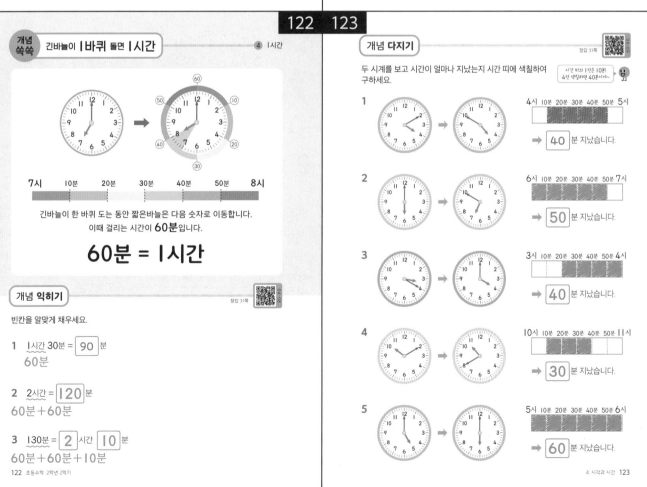

# 정답 및 해설

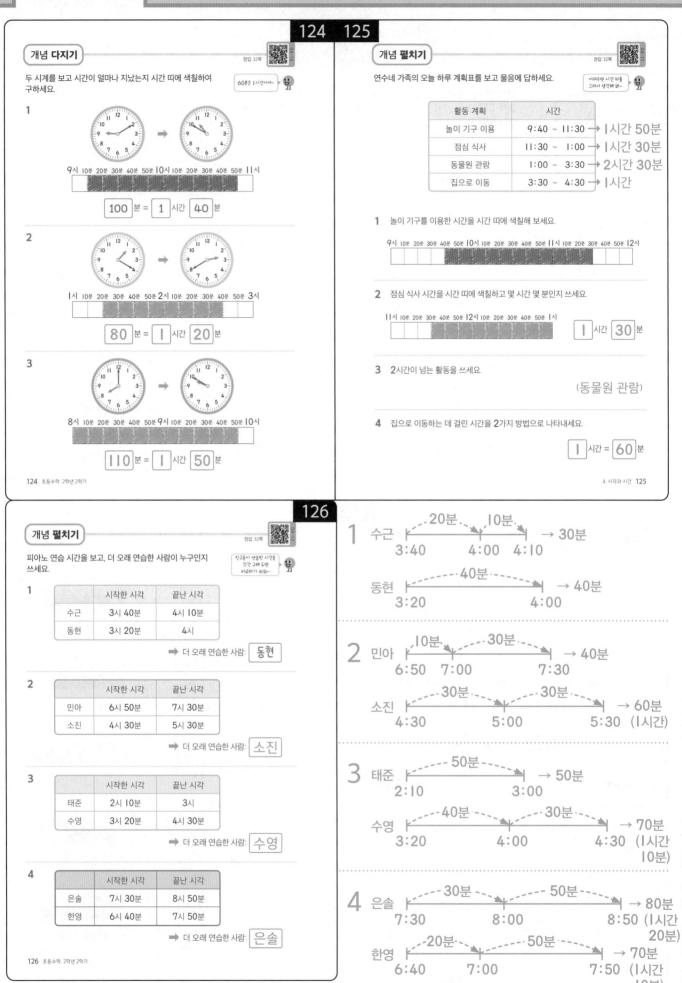

## 124 125

### 개념 다지기
정답 32쪽

두 시계를 보고 시간이 얼마나 지났는지 시간 띠에 색칠하여 구하세요.

60분은 1시간이야~

**1**

9시 10분 20분 30분 40분 50분 10시 10분 20분 30분 40분 50분 11시

| 100 |분 = | 1 |시간 | 40 |분

**2**

1시 10분 20분 30분 40분 50분 2시 10분 20분 30분 40분 50분 3시

| 80 |분 = | 1 |시간 | 20 |분

**3**

8시 10분 20분 30분 40분 50분 9시 10분 20분 30분 40분 50분 10시

| 110 |분 = | 1 |시간 | 50 |분

124 초등수학 2학년 2학기

### 개념 펼치기
정답 32쪽

연수네 가족의 오늘 하루 계획표를 보고 물음에 답하세요.

어려우면 시간 띠를 그려서 생각해 봐~

| 활동 계획 | 시간 | |
|---|---|---|
| 놀이 기구 이용 | 9 : 40 ~ 11 : 30 | → 1시간 50분 |
| 점심 식사 | 11 : 30 ~ 1 : 00 | → 1시간 30분 |
| 동물원 관람 | 1 : 00 ~ 3 : 30 | → 2시간 30분 |
| 집으로 이동 | 3 : 30 ~ 4 : 30 | → 1시간 |

**1** 놀이 기구를 이용한 시간을 시간 띠에 색칠해 보세요.

9시 10분 20분 30분 40분 50분 10시 10분 20분 30분 40분 50분 11시 10분 20분 30분 40분 50분 12시

**2** 점심 식사 시간을 시간 띠에 색칠하고 몇 시간 몇 분인지 쓰세요.

11시 10분 20분 30분 40분 50분 12시 10분 20분 30분 40분 50분 1시

| 1 |시간 | 30 |분

**3** 2시간이 넘는 활동을 쓰세요.

( 동물원 관람 )

**4** 집으로 이동하는 데 걸린 시간을 2가지 방법으로 나타내세요.

| 1 |시간 = | 60 |분

4. 시각과 시간 125

## 126

### 개념 펼치기
정답 32쪽

피아노 연습 시간을 보고, 더 오래 연습한 사람이 누구인지 쓰세요.

친구들이 연습한 시간을 각각 구해 두면 비교하기 쉬워~

**1**

| | 시작한 시각 | 끝난 시각 |
|---|---|---|
| 수근 | 3시 40분 | 4시 10분 |
| 동현 | 3시 20분 | 4시 |

➡ 더 오래 연습한 사람: 동현

**2**

| | 시작한 시각 | 끝난 시각 |
|---|---|---|
| 민아 | 6시 50분 | 7시 30분 |
| 소진 | 4시 30분 | 5시 30분 |

➡ 더 오래 연습한 사람: 소진

**3**

| | 시작한 시각 | 끝난 시각 |
|---|---|---|
| 태준 | 2시 10분 | 3시 |
| 수영 | 3시 20분 | 4시 30분 |

➡ 더 오래 연습한 사람: 수영

**4**

| | 시작한 시각 | 끝난 시각 |
|---|---|---|
| 은솔 | 7시 30분 | 8시 50분 |
| 한영 | 6시 40분 | 7시 50분 |

➡ 더 오래 연습한 사람: 은솔

126 초등수학 2학년 2학기

**1** 수근  20분  10분  → 30분
3:40   4:00   4:10

동현  40분  → 40분
3:20        4:00

**2** 민아  10분  30분  → 40분
6:50  7:00   7:30

소진  30분  30분  → 60분
4:30   5:00   5:30 (1시간)

**3** 태준  50분  → 50분
2:10   3:00

수영  40분  30분  → 70분
3:20   4:00   4:30 (1시간 10분)

**4** 은솔  30분  50분  → 80분
7:30   8:00   8:50 (1시간 20분)

한영  20분  50분  → 70분
6:40   7:00   7:50 (1시간 10분)

**1**

20분  30분
④:40  5:00  5:30

**2**

10분  1시간
③:15 3:25  4:25

**3**

30분  1시간
②:20  2:50  3:50

**4**

5분  15분  2시간
③:55 4:00  4:15  6:15

---

**개념 펼치기**

물음에 답하세요.

끝난 시각에서 걸린 시간만큼 되돌아가기~

**1** 슬기는 50분 동안 산책을 했습니다. 산책이 끝난 시각이 5시 30분이라면 산책을 시작한 시각은 몇 시 몇 분일까요?

〈산책이 끝난 시각〉

[4] 시 [40] 분

**2** 민기는 1시간 10분 동안 축구를 했습니다. 축구가 끝난 시각이 4시 25분이라면 축구를 시작한 시각은 몇 시 몇 분일까요?

〈축구가 끝난 시각〉

[3] 시 [15] 분

**3** 희진이는 1시간 30분 동안 책을 읽었습니다. 책을 다 읽은 시각이 3시 50분이라면 책을 읽기 시작한 시각은 몇 시 몇 분일까요?

〈책을 다 읽은 시각〉

[2] 시 [20] 분

**4** 준호는 2시간 20분 동안 영화를 봤습니다. 영화가 끝난 시각이 6시 15분이라면 영화가 시작한 시각은 몇 시 몇 분일까요?

〈영화가 끝난 시각〉

[3] 시 [55] 분

4. 시각과 시간 127

---

**개념 쏙쏙** (오전)+(오후)=(하루)　⑤ 하루

지수의 하루 일과표입니다.

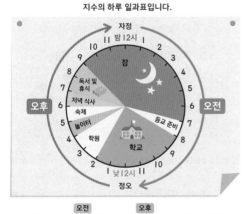

　오전　　　오후
**1일 = 12시간 + 12시간 = 24시간**

**개념 익히기**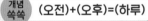

빈칸을 알맞게 채우세요.

**1** 1일 = [24] 시간

**2** 28시간 = [1] 일 [4] 시간

**3** 1일 9시간 = [33] 시간　24+9=33

128 초등수학 2학년 2학기

---

**개념 다지기**

왼쪽의 하루 일과표를 시간 띠에 나타내고, 물음에 답하세요.

오전, 오후로 나눈 시간 띠에서는 1칸이 1시간이야~

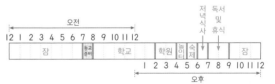

**1** 알맞은 말에 ○표 하세요.

> 지수가 학교에 있는 시간은 (⃝오전⃝, 오후 ) 8시부터
> ( 오전, ⃝오후⃝ ) 2시까지입니다.

**2** 설명하는 때가 오전인지 오후인지 쓰세요.

- 등교 준비하는 시간 ( 오전 )
- 학원에 있는 시간 ( 오후 )
- 숙제하는 시간 ( 오후 )

**3** 지수가 잠자는 시간은 몇 시간인지 쓰세요.
[10] 시간

**4** 지수의 하루는 몇 시간인지 쓰세요.
[24] 시간

4. 시각과 시간 129

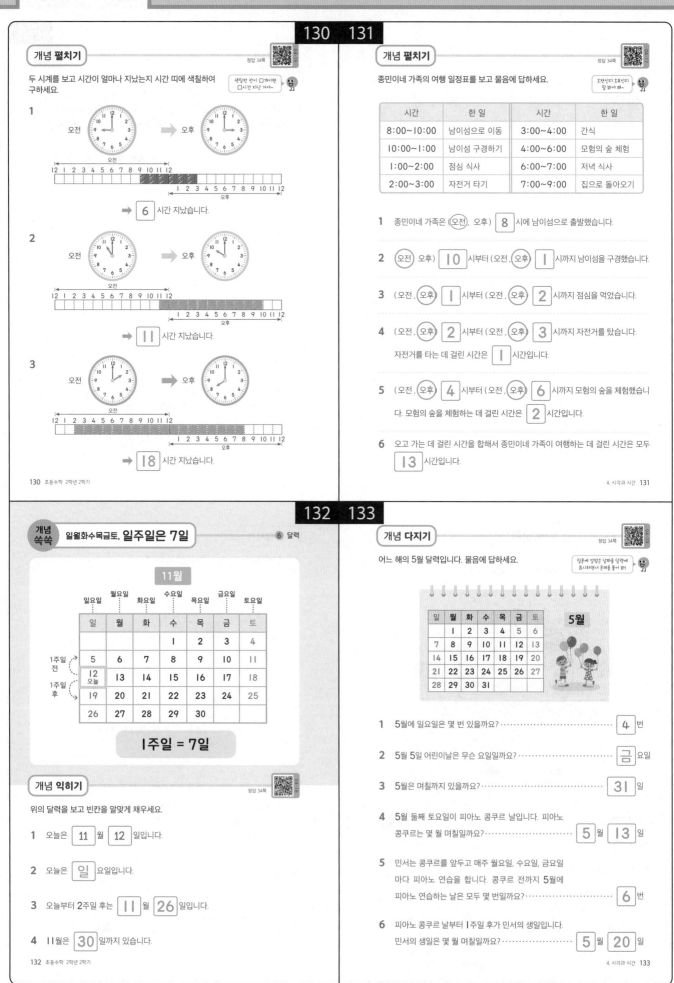

정답 및 해설

## 130 131

### 개념 펼치기

정답 34쪽

두 시계를 보고 시간이 얼마나 지났는지 시간 띠에 색칠하여 구하세요.

색칠한 칸이 □개이면
□시간 지난 거야~

**1**

오전 ➡ 오후

➡ **6** 시간 지났습니다.

**2**

오전 ➡ 오후

➡ **11** 시간 지났습니다.

**3**

오전 ➡ 오후

➡ **18** 시간 지났습니다.

130 초등수학 2학년 2학기

### 개념 펼치기

정답 34쪽

종민이네 가족의 여행 일정표를 보고 물음에 답하세요.

오전인지 오후인지
잘 봐야 해~

| 시간 | 한 일 | 시간 | 한 일 |
|---|---|---|---|
| 8:00~10:00 | 남이섬으로 이동 | 3:00~4:00 | 간식 |
| 10:00~1:00 | 남이섬 구경하기 | 4:00~6:00 | 모험의 숲 체험 |
| 1:00~2:00 | 점심 식사 | 6:00~7:00 | 저녁 식사 |
| 2:00~3:00 | 자전거 타기 | 7:00~9:00 | 집으로 돌아오기 |

**1** 종민이네 가족은 (오전, 오후) **8** 시에 남이섬으로 출발했습니다.

**2** (오전, 오후) **10** 시부터 (오전, 오후) **1** 시까지 남이섬을 구경했습니다.

**3** (오전, 오후) **1** 시부터 (오전, 오후) **2** 시까지 점심을 먹었습니다.

**4** (오전, 오후) **2** 시부터 (오전, 오후) **3** 시까지 자전거를 탔습니다. 자전거를 타는 데 걸린 시간은 **1** 시간입니다.

**5** (오전, 오후) **4** 시부터 (오전, 오후) **6** 시까지 모험의 숲을 체험했습니다. 모험의 숲을 체험하는 데 걸린 시간은 **2** 시간입니다.

**6** 오고 가는 데 걸린 시간을 합해서 종민이네 가족이 여행하는 데 걸린 시간은 모두 **13** 시간입니다.

4. 시각과 시간 131

## 132 133

### 개념 쏙쏙 일월화수목금토, 일주일은 7일

6 달력

### 11월

| 일요일 | 월요일 | 화요일 | 수요일 | 목요일 | 금요일 | 토요일 |
|---|---|---|---|---|---|---|
| 일 | 월 | 화 | 수 | 목 | 금 | 토 |
|  |  |  | 1 | 2 | 3 | 4 |
| 5 | 6 | 7 | 8 | 9 | 10 | 11 |
| 12 오늘 | 13 | 14 | 15 | 16 | 17 | 18 |
| 19 | 20 | 21 | 22 | 23 | 24 | 25 |
| 26 | 27 | 28 | 29 | 30 |  |  |

1주일 전 ↱
1주일 후 ↳

**1주일 = 7일**

### 개념 익히기

정답 34쪽

위의 달력을 보고 빈칸을 알맞게 채우세요.

**1** 오늘은 **11** 월 **12** 일입니다.

**2** 오늘은 **일** 요일입니다.

**3** 오늘부터 2주일 후는 **11** 월 **26** 일입니다.

**4** 11월은 **30** 일까지 있습니다.

132 초등수학 2학년 2학기

### 개념 다지기

정답 34쪽

어느 해의 5월 달력입니다. 물음에 답하세요.

질문에 알맞은 날짜를 달력에
표시하면서 문제를 풀어 봐!

### 5월

| 일 | 월 | 화 | 수 | 목 | 금 | 토 |
|---|---|---|---|---|---|---|
|  |  | 1 | 2 | 3 | 4 | 5 | 6 |
| 7 | 8 | 9 | 10 | 11 | 12 | 13 |
| 14 | 15 | 16 | 17 | 18 | 19 | 20 |
| 21 | 22 | 23 | 24 | 25 | 26 | 27 |
| 28 | 29 | 30 | 31 |  |  |  |

**1** 5월에 일요일은 몇 번 있을까요? ⋯⋯⋯⋯⋯⋯⋯⋯⋯ **4** 번

**2** 5월 5일 어린이날은 무슨 요일일까요? ⋯⋯⋯⋯⋯⋯ **금** 요일

**3** 5월은 며칠까지 있을까요? ⋯⋯⋯⋯⋯⋯⋯⋯⋯⋯⋯ **31** 일

**4** 5월 둘째 토요일이 피아노 콩쿠르 날입니다. 피아노 콩쿠르는 몇 월 며칠일까요? ⋯⋯⋯⋯⋯⋯⋯⋯ **5** 월 **13** 일

**5** 민서는 콩쿠르를 앞두고 매주 월요일, 수요일, 금요일 마다 피아노 연습을 합니다. 콩쿠르 전까지 5월에 피아노 연습하는 날은 모두 몇 번일까요? ⋯⋯⋯⋯ **6** 번

**6** 피아노 콩쿠르 날부터 1주일 후가 민서의 생일입니다. 민서의 생일은 몇 월 며칠일까요? ⋯⋯⋯⋯⋯⋯⋯ **5** 월 **20** 일

4. 시각과 시간 133

**개념 쑥쑥** 1년 = 12개월

⑦ 1년

**1년 = 12개월**

\* 2월은 28까지 있지만, 4년마다 29일이 됩니다.

**개념 익히기**

빈칸에 알맞은 수를 쓰세요.

1  2주일은 [14] 일입니다.

2  2년은 [24] 개월입니다.

3  21일은 [3] 주일입니다.

**1년 = 365일**

위로 솟은 곳은 큰 달(31일),
안으로 들어간 곳은 작은 달
(30일 또는 28일)

**개념 익히기**

날수가 같은 달끼리 짝 지은 것에 ○표 하세요. (정답 2개)

1  1월, 3월 ( ○ )  　2월, 4월 ( )  　3월, 5월 ( ○ )  　4월, 8월 ( )

2  5월, 7월 ( )  　6월, 8월 ( )  　7월, 9월 ( )  　8월, 10월 ( ○ )

3  7월, 11월 ( )  　10월, 12월 ( ○ )  　11월, 1월 ( )  　7월, 8월 ( ○ )

**개념 다지기**

어느 해의 8월 달력입니다. 달력을 완성하고 물음에 답하세요.

8월은 31일까지 있어.

| 일 | 월 | 화 | 수 | 목 | 금 | 토 |
|---|---|---|---|---|---|---|
| | | | | | 1 | 2 | 3 |
| 4 | 5 | 6 | 7 | 8 | 9 | 10 |
| 11 | 12 | 13 | 14 | 15 | 16 | 17 |
| 18 | 19 | 20 | 21 | 22 | 23 | 24 |
| 25 | 26 | 27 | 28 | 29 | 30 | 31 |

8월

1  8월의 마지막 날은 며칠일까요? ·········· [31] 일

2  9월 1일은 무슨 요일일까요? ·········· [일] 요일

3  7월 31일은 무슨 요일일까요? ·········· [수] 요일

4  8월 17일부터 8월 31일까지 전시회가 열립니다.
전시회가 열리는 기간은 며칠일까요?

세계 어린이 발명품 전시회

8월 17일 ~ 8월 31일

8월 17일 ~ 8월 31일 기간에 확장

·········· [15] 일

5  채은이의 생일은 8월 23일이고, 현수의 생일은
채은이의 생일보다 14일 전입니다. 현수의 생일
은 몇 월 며칠일까요? ·········· [8] 월 [9] 일

**개념 펼치기**

달력을 보고 물음에 답하세요.

11월은 30일까지 있어.

| 일 | 월 | 화 | 수 | 목 | 금 | 토 |
|---|---|---|---|---|---|---|
| | | | | 1 | 2 | 3 | 4 |
| 5 | 6 | 7 | 8 | 9 | 10 | 11 |
| 12 | 13 | 14 | 15 | 16 | 17 | ⑱ |
| 19 | 20 | 21 | 22 | 23 | 24 | 25 |
| 26 | 27 | 28 | 29 | 30 | 12/1 | 12/2 |
| 12/3 | 12/4 | 12/5 | | | | |

11월

1  11월의 마지막 일요일은 몇 월 며칠일까요? ·········· [11] 월 [26] 일

2  11월의 마지막 날은 무슨 요일일까요? ·········· [목] 요일
→ 11월 30일

3  대화를 읽고 박물관에 가는 날을 찾아 달력에 ○표 하세요.
정답: 18일

형~ 박물관에 가기로 한 날이 둘째 토요일이야?

아니, 셋째 토요일에 가기로 했어.

4  하온이는 매주 화요일에 미술 학원에 갑니다.
12월에 하온이가 처음으로 미술 학원에 가는
날은 몇 월 며칠일까요? ·········· [12] 월 [5] 일

정답 및 해설

# 정답 및 해설

## 개념 마무리

**1** 시계의 긴바늘을 알맞게 그리세요.

4시 45분

**[2-3]** 시계를 보고 몇 시 몇 분인지 쓰세요.

**2**

11 시 42 분

**3**

2 시 17 분

**4** 표를 완성하세요.

| 긴바늘이 가리키는 숫자 | 분 |
|---|---|
| 1 | 5 |
| 4 | 20 |
| 7 | 35 |
| 9 | 45 |
| 11 | 55 |

**5** 2가지 방법으로 시각을 읽어 보세요.

8 시 50 분
9 시 10 분 전

**6** ㉠과 ㉡에 알맞은 수의 합을 구하세요.

• 시계의 긴바늘이 한 바퀴 도는 데 걸리는 시간은 ㉠ 분입니다.
• 하루는 ㉡ 시간입니다.

㉠: 60  ( 84 )
㉡: 24

**7** 관계있는 것끼리 선으로 이으세요.

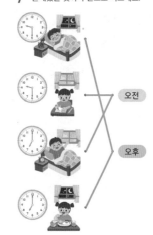

오전
오후

**8** 두 시계를 보고 시간이 얼마나 지났는지 시간 띠에 색칠하여 구하세요.

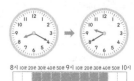

80분
=1시간 20분
1 시간 20 분

**9** 친구들이 책을 읽은 시간을 보고, 책을 더 오래 읽은 사람부터 순서대로 기호를 쓰세요.

㉠ 지희: 2시간=120분
㉡ 민아: 150분
㉢ 진호: 200분
㉣ 현수: 1시간 50분=110분

㉢, ㉡, ㉠, ㉣

**10** 빈칸을 알맞게 채우세요.

• 1시간 5분 = 65 분
1시간=60분
• 1일 5시간 = 29 시간
1일=24시간

---

## 개념 마무리

**11** 오페라 공연 1부가 오후 6시에 시작했다면 2부는 몇 시 몇 분에 끝날까요?

오페라 공연 시간 안내

| 1부 | 100분 |
| 휴식 시간 | 20분 |
| 2부 | 90분 |

9 시 30 분

**12** 올바른 문장을 모두 찾아 기호를 쓰세요.

㉠ 1년은 12개월입니다.
㉡ 일주일은 10일입니다. ~~10~~ 7
㉢ 9월의 날수는 31일입니다. ~~31~~ 30
㉣ 날수가 가장 적은 달은 2월입니다.

( ㉠, ㉣ )

**13** 각 달의 날수를 쓰세요.

• 6월 → 30 일
• 12월 → 31 일

**[14-16]** 어느 해의 2월 달력입니다. 물음에 답하세요.

2월

| 일 | 월 | 화 | 수 | 목 | 금 | 토 |
|---|---|---|---|---|---|---|
|  |  |  |  |  | 1 | 2 | 3 |
| 4 | 5 | 6 | 7 | 8 | 9 | 10 |
| 11 | 12 | 13 | 14 | 15 | 16 | 17 |
| 18 | 19 | 20 | 21 | 22 | 23 | 24 |
| 25 | 26 | 27 | 28 |  |  |  |

**14** 2월에는 토요일이 몇 번 있을까요?

4 번

**15** 윤서의 생일은 2월 셋째 목요일입니다. 윤서의 생일은 몇 월 며칠일까요?

2 월 15 일

**16** 대박 마트에서는 매주 월요일과 금요일에 할인 판매를 합니다. 대박 마트에서 2월 한 달 동안 할인 판매를 모두 몇 번 할까요?

8 번

**11**

| 1부 | 100분 |
|---|---|
| 휴식 시간 | 20분 |
| 2부 | 90분 |

6시부터 120분(2시간)
1시간 30분

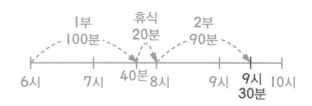

1부 100분    휴식 20분    2부 90분

6시  7시  40분 8시  9시  9시 30분 10시

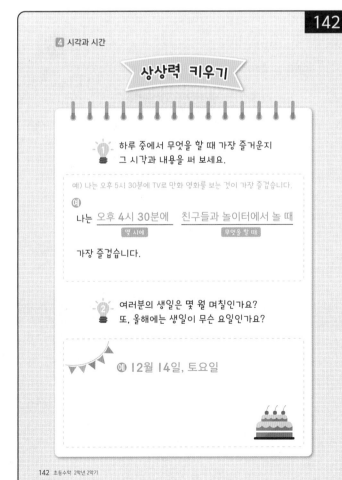

〈텃밭 가꾸기〉

30분 60분 10분
9:30  10:00  11:00 11:10  → 100분

〈종이접기〉

40분
1:20  2:00  → 40분

〈쿠키 만들기〉

60분  20분
2:00  3:00 3:20  → 80분

〈영화 보기〉

20분  60분  20분
3:40 4:00  5:00 5:20  → 100분

---

정답 36~37쪽

4단원 시각과 시간

**17** 텃밭 가꾸기와 걸린 시간이 같은 활동에 ○표 하세요.

| 텃밭 가꾸기 | 9:30 ~ 11:10 |
|---|---|

| 종이접기 | 1:20 ~ 2:00 |
|---|---|
| 쿠키 만들기 | 2:00 ~ 3:20 |
| 영화 보기 | 3:40 ~ 5:20 |

(영화 보기에 ○표)

**18** 크리스마스인 12월 25일에서 일주일 후는 몇 월 며칠일까요?
7일 후

12월
**25**

1 월 1 일

6일  1일
12월  12월  1월
25일  31일  1일

**19** 서술형
지희는 7월 1일부터 8월 31일까지 매일 수영 연습을 했습니다. 지희가 수영 연습을 한 날은 모두 며칠인지 풀이 과정을 쓰고, 답을 구하세요.

풀이 예 7월은 31일까지 있으니까 지희가 7월에 연습을 한 날은 31일이고, 8월 31일까지 연습했으니까, 연습을 한 날은 모두 31+31=62(일) 입니다.

답 62 일

**20** 서술형
어제 오전 11시에 인터넷으로 책을 주문했더니, 오늘 오후 3시에 책을 택배로 받았습니다. 책을 사서 도착하기까지 걸린 시간은 몇 시간인지 풀이 과정을 쓰고, 답을 구하세요.

풀이 예 어제 오전 11시부터 오늘 오전 11시까지는 24시간입니다. 오늘 오전 11시부터 오늘 오후 3시까지는 4시간이므로, 걸린 시간은 모두 24+4=28(시간)입니다.

답 28 시간

4. 시각과 시간 141

---

4 시각과 시간

**상상력 키우기**

1 하루 중에서 무엇을 할 때 가장 즐거운지 그 시각과 내용을 써 보세요.

예) 나는 오후 5시 30분에 TV로 만화 영화를 보는 것이 가장 즐겁습니다.

예
나는 오후 4시 30분에 친구들과 놀이터에서 놀 때
　　　　몇 시에　　　　　무엇을 할 때

가장 즐겁습니다.

2 여러분의 생일은 몇 월 며칠인가요? 또, 올해에는 생일이 무슨 요일인가요?

예 12월 14일, 토요일

---

• **5단원** 표와 그래프

**5** 표와 그래프

**이 단원에서 배울 내용**

자료를 조사하고 표와 그래프로 나타내기

1 자료를 분류하여 표로 나타내기
2 자료를 조사하는 방법
3 그래프로 나타내기
4 표와 그래프의 내용

## 개념 쏙쏙 자료는 빠뜨리지 않고 전부 세기

1 자료를 분류하여 표로 나타내기

**자료**

### 우리 반 학생들이 좋아하는 아이스크림

딸기맛 초코맛 초코맛 메론맛 포도맛 초코맛 딸기맛

초코맛 포도맛 딸기맛 초코맛 초코맛 초코맛 포도맛 메론맛

↓

**표**

### 좋아하는 아이스크림별 학생 수

| 아이스크림 | 딸기 맛 | 초코 맛 | 포도 맛 | 메론 맛 | 합계 |
|---|---|---|---|---|---|
| 학생 수 (명) | 3 | 7 | 3 | 2 | 15 |

그림에 표시하면서 세고 그 수를 적습니다.

각각의 학생 수의 합과 자료의 전체 수가 같은지 확인하고 그 수를 적습니다.

### 개념 익히기

정답 38쪽

위의 표를 완성하고 물음에 답하세요.

1 딸기 맛 아이스크림을 좋아하는 학생은 몇 명일까요? ………( 3 )명

2 가장 많은 학생들이 좋아하는 아이스크림은 무슨 맛일까요? ………( 초코 ) 맛

3 우리 반 학생은 모두 몇 명일까요? ………( 15 )명

146 초등수학 2학년 2학기

### 개념 다지기

정답 38쪽

그림을 보고 표로 나타내세요.

자료의 개수를 셀 때 실수하지 않도록 /표시하면서 세어 봐!

1

### 사용한 조각 수

| 모양 | 원 | 반쪽 원 | 사각형 | 합계 |
|---|---|---|---|---|
| 조각 수(개) | 5 | 6 | 3 | 14 |

2

### 학생들이 좋아하는 TV 프로그램

정글의 규칙 | 달리는 맨 | 도시 낚시 | 열렬한 사제

### 좋아하는 TV 프로그램별 학생 수

| TV 프로그램 | 정글의 규칙 | 달리는 맨 | 도시 낚시 | 열렬한 사제 | 합계 |
|---|---|---|---|---|---|
| 학생 수(명) | 9 | 12 | 5 | 3 | 29 |

3

$\frac{4}{4}$ ♩♩♩♩ ♪ ♩ ♩ ♩♩ ♩ ♪♪♪

### 음표 수

| 음표 | ♪ | ♩ | 𝅗𝅥 | 합계 |
|---|---|---|---|---|
| 음표 수(개) | 6 | 7 | 3 | 16 |

5. 표와 그래프 147

## 개념 쏙쏙 손 들기 아니면 종이에 적기

2 자료를 조사하는 방법

조사할 내용에 따라 조사하는 방법이 달라집니다.

**종류가 정해져 있는 경우**

예 좋아하는 계절
태어난 달
혈액형

**손**을 들어서 조사

**종류가 정해져 있지 않은 경우**

예 방학 때 가 보고 싶은 곳
장래 희망
좋아하는 만화

**종이** 에 적어서 조사

↓

조사한 내용을 표로 나타냅니다.

제목

| | | | | 합계 |
|---|---|---|---|---|
| 학생 수(명) | | | | |

### 개념 익히기

정답 38쪽

손을 들어서 조사하는 것이 어울리면 ♀, 종이에 적어서 조사하는 것이 어울리면 ☐를 그리세요.

1 가장 좋아하는 음식 ………( ☐ )

2 국어, 영어, 수학 중에 좋아하는 과목 ………( ♀ )

3 가장 좋아하는 수 ………( ☐ )

148 초등수학 2학년 2학기

### 개념 다지기

정답 38쪽

그림을 보고 알맞은 말에 ○표 하고, 표를 완성하세요.

조사한 항목이 몇 개인지 세어 보고 표의 칸을 나누어 봐~

< 좋아하는 요일 조사하기 >

일요일을 좋아하는 학생은 하나, 둘, 셋, …

1 ( 손을 들어서 / 종이에 써서 ) 좋아하는 요일을 조사했습니다.

2

### 좋아하는 요일별 학생 수

| 요일 | 월요일 | 화요일 | 수요일 | 목요일 | 금요일 | 토요일 | 일요일 | 합계 |
|---|---|---|---|---|---|---|---|---|
| 학생 수(명) | 0 | 1 | 3 | 1 | 4 | 8 | 7 | 24 |

< 좋아하는 색깔 조사하기 >

노란색 노란색 초록색 파란색 빨간색 빨간색
노란색 노란색 초록색 파란색 파란색 빨간색 빨간색
노란색 노란색 초록색 파란색 빨간색 빨간색
노란색 노란색 초록색 파란색 빨간색

3 ( 손을 들어서 , 종이에 써서 ) 좋아하는 색깔을 조사했습니다.

4

### 좋아하는 색깔별 학생 수

| 색깔 | 노란색 | 초록색 | 파란색 | 빨간색 | 합계 |
|---|---|---|---|---|---|
| 학생 수(명) | 8 | 4 | 5 | 7 | 24 |

$8+4+5+7=24$

5. 표와 그래프 149

## 개념 쏙쏙 · 자료를 그림으로! 그래프!

③ 그래프로 나타내기

**좋아하는 과일별 학생 수**

| 과일 | 사과 | 배 | 바나나 | 감 | 합계 |
|---|---|---|---|---|---|
| 학생 수(명) | 4 | 2 | 6 | 3 | 15 |

**표**

↓

**그래프** — 자료를 간단한 그림이나 도형으로 나타낸 것입니다.

그래프에서는 가장 많은 것, 가장 적은 것을 한눈에 찾을 수 있어!

**좋아하는 과일별 학생 수**

| 6 | | | ○ | |
| 5 | | | ○ | |
| 4 | ○ | | ○ | |
| 3 | ○ | | ○ | ○ |
| 2 | ○ | ○ | ○ | ○ |
| 1 | ○ | ○ | ○ | ○ |
| 학생 수(명) / 과일 | 사과 | 배 | 바나나 | 감 |

또는

**좋아하는 과일별 학생 수**

| 감 | ○ | ○ | ○ | | | |
| 바나나 | ○ | ○ | ○ | ○ | ○ | ○ |
| 배 | ○ | ○ | | | | |
| 사과 | ○ | ○ | ○ | ○ | | |
| 과일 / 학생 수(명) | 1 | 2 | 3 | 4 | 5 | 6 |

### 그래프로 나타낼 때 주의할 점

- **세로**로 나타낼지, **가로**로 나타낼지 정하기
- 그래프의 **제목**을 꼭 쓰기
- 그래프에 ○, ×, / 중 하나를 선택하여 **한 칸에 하나씩** 그리기
- 세로로 나타낸 그래프는 아래에서 위로, 가로로 나타낸 그래프는 왼쪽에서 오른쪽으로 **빈칸 없이** 그리기

152 초등수학 2학년 2학기

---

### 개념 익히기

우리 반 학생들이 체험 학습으로 가고 싶은 장소를 조사하여 표로 나타냈습니다. 물음에 답하세요.

그래프는 가로로 나타낼 수도 있고, 세로로 나타낼 수도 있어!

**가고 싶은 체험 학습 장소별 학생 수**

| 장소 | 고궁 | 미술관 | 공연장 | 놀이공원 | 합계 |
|---|---|---|---|---|---|
| 학생 수(명) | 3 | 2 | 5 | 7 | 17 |

**1** 표를 보고 ○를 이용하여 그래프로 나타내세요.

**가고 싶은 체험 학습 장소별 학생 수**

| 7 | | | | ○ |
| 6 | | | | ○ |
| 5 | | | ○ | ○ |
| 4 | | | ○ | ○ |
| 3 | ○ | | ○ | ○ |
| 2 | ○ | ○ | ○ | ○ |
| 1 | ○ | ○ | ○ | ○ |
| 학생 수(명) / 장소 | 고궁 | 미술관 | 공연장 | 놀이공원 |

**2** 위 그래프의 세로에 나타낸 것은 무엇일까요? ( **학생 수** )

**3** 다음 중 설명이 옳은 것에 ○표, 틀린 것에 ×표 하세요.

① 그래프를 세로로 나타낼 때, 위에서부터 빈칸 없이 표시를 합니다. ……( × )
   아래

② 그래프에서 가로와 세로를 바꾸어 나타낼 수 있습니다. ……………( ○ )

③ 가장 많은 학생들이 가고 싶은 장소는 미술관입니다. ……………( × )
   놀이공원

5. 표와 그래프 153

---

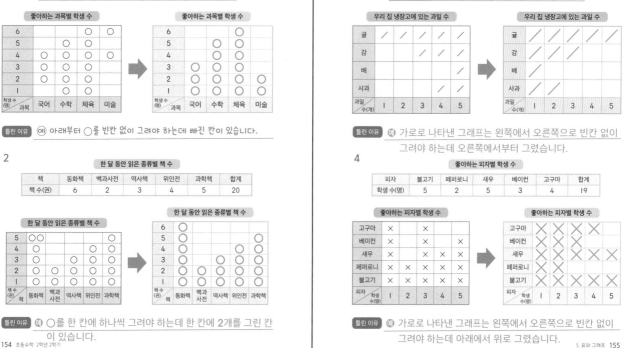

### 개념 다지기

표를 보고 그래프로 나타냈습니다. 틀린 이유를 쓰고 바르게 그리세요.

**1**

**좋아하는 과목별 학생 수**

| 과목 | 국어 | 수학 | 체육 | 미술 | 합계 |
|---|---|---|---|---|---|
| 학생 수(명) | 3 | 5 | 6 | 2 | 16 |

**좋아하는 과목별 학생 수**

| 6 | | | ○ | |
| 5 | | ○ | ○ | |
| 4 | ○ | ○ | ○ | |
| 3 | ○ | ○ | ○ | |
| 2 | ○ | ○ | ○ | ○ |
| 1 | ○ | ○ | ○ | ○ |
| 학생 수(명) / 과목 | 국어 | 수학 | 체육 | 미술 |

➡

**좋아하는 과목별 학생 수**

| 6 | | | ○ | |
| 5 | | ○ | ○ | |
| 4 | | ○ | ○ | |
| 3 | ○ | ○ | ○ | |
| 2 | ○ | ○ | ○ | ○ |
| 1 | ○ | ○ | ○ | ○ |
| 학생 수(명) / 과목 | 국어 | 수학 | 체육 | 미술 |

**틀린 이유** ⑩ 아래부터 ○를 빈칸 없이 그려야 하는데 빠진 칸이 있습니다.

**2**

**한 달 동안 읽은 종류별 책 수**

| 책 | 동화책 | 백과사전 | 역사책 | 위인전 | 과학책 | 합계 |
|---|---|---|---|---|---|---|
| 책 수(권) | 6 | 2 | 3 | 4 | 5 | 20 |

**한 달 동안 읽은 종류별 책 수**

| 5 | ○○ | | | | ○ |
| 4 | ○ | | | ○ | ○ |
| 3 | ○ | | ○ | ○ | ○ |
| 2 | ○ | ○ | ○ | ○ | ○ |
| 1 | ○ | ○ | ○ | ○ | ○ |
| 책 수(권) / 책 | 동화책 | 백과사전 | 역사책 | 위인전 | 과학책 |

➡

**한 달 동안 읽은 종류별 책 수**

| 6 | ○ | | | | |
| 5 | ○ | | | | ○ |
| 4 | ○ | | | ○ | ○ |
| 3 | ○ | | ○ | ○ | ○ |
| 2 | ○ | ○ | ○ | ○ | ○ |
| 1 | ○ | ○ | ○ | ○ | ○ |
| 책 수(권) / 책 | 동화책 | 백과사전 | 역사책 | 위인전 | 과학책 |

**틀린 이유** ⑩ ○를 한 칸에 하나씩 그려야 하는데 한 칸에 2개를 그린 칸이 있습니다.

154 초등수학 2학년 2학기

---

**3**

**우리 집 냉장고에 있는 과일 수**

| 과일 | 사과 | 배 | 감 | 귤 | 합계 |
|---|---|---|---|---|---|
| 수(개) | 2 | 1 | 3 | 5 | 11 |

**우리 집 냉장고에 있는 과일 수**

| 귤 | / | / | / | / | |
| 감 | | / | / | / | |
| 배 | | | | / | |
| 사과 | | | | / | / |
| 과일 / 수(개) | 1 | 2 | 3 | 4 | 5 |

➡

**우리 집 냉장고에 있는 과일 수**

| 귤 | / | / | / | / | / |
| 감 | / | / | / | | |
| 배 | / | | | | |
| 사과 | / | / | | | |
| 과일 / 수(개) | 1 | 2 | 3 | 4 | 5 |

**틀린 이유** ⑩ 가로로 나타낸 그래프는 왼쪽에서 오른쪽으로 빈칸 없이 그려야 하는데 오른쪽에서부터 그렸습니다.

**4**

**좋아하는 피자별 학생 수**

| 피자 | 불고기 | 페퍼로니 | 새우 | 베이컨 | 고구마 | 합계 |
|---|---|---|---|---|---|---|
| 학생 수(명) | 5 | 2 | 5 | 3 | 4 | 19 |

**좋아하는 피자별 학생 수**

| 고구마 | × | | × | | |
| 베이컨 | | | × | | × |
| 새우 | × | | × | × | × |
| 페퍼로니 | × | | × | | |
| 불고기 | × | × | × | × | × |
| 피자 / 학생 수(명) | 1 | 2 | 3 | 4 | 5 |

➡

**좋아하는 피자별 학생 수**

| 고구마 | × | × | × | × | |
| 베이컨 | × | × | × | | |
| 새우 | × | × | × | × | × |
| 페퍼로니 | × | × | | | |
| 불고기 | × | × | × | × | × |
| 피자 / 학생 수(명) | 1 | 2 | 3 | 4 | 5 |

**틀린 이유** ⑩ 가로로 나타낸 그래프는 왼쪽에서 오른쪽으로 빈칸 없이 그려야 하는데 아래에서 위로 그렸습니다.

5. 표와 그래프 155

# 정답 및 해설

## 156 157

### 개념 펼치기

은주네 반 학생들이 좋아하는 운동을 조사하여 표로 나타냈습니다. 표를 보고 그래프로 나타내세요.

> 가로로 할지, 세로로 할지 그래프의 방향부터 정해~

**좋아하는 운동별 학생 수**

| 운동 | 달리기 | 줄넘기 | 축구 | 배드민턴 | 합계 |
|---|---|---|---|---|---|
| 학생 수(명) | 2 | 5 | 6 | 4 | 17 |

⬇

은주네 반 학생들이 좋아하는 운동별 학생 수

(예)

| 배드민턴 | ○ | ○ | ○ | ○ | | |
|---|---|---|---|---|---|---|
| 축구 | ○ | ○ | ○ | ○ | ○ | ○ |
| 줄넘기 | ○ | ○ | ○ | ○ | ○ | |
| 달리기 | ○ | ○ | | | | |
| 운동 / 학생 수(명) | 1 | 2 | 3 | 4 | 5 | 6 |

또는

| 6 | | | ○ | |
|---|---|---|---|---|
| 5 | | ○ | ○ | |
| 4 | | ○ | ○ | ○ |
| 3 | | ○ | ○ | ○ |
| 2 | ○ | ○ | ○ | ○ |
| 1 | ○ | ○ | ○ | ○ |
| 학생 수(명) / 운동 | 달리기 | 줄넘기 | 축구 | 배드민턴 |

156 초등수학 2학년 2학기

### 개념 펼치기

지민이네 반 학생들이 도서관을 이용하는 요일을 조사하였습니다. 자료를 보고 물음에 답하세요.

> 자료를 표로 표를 그래프로!

**지민이네 반 학생들이 도서관을 이용하는 요일**

| 이름 | 요일 | 이름 | 요일 | 이름 | 요일 | 이름 | 요일 |
|---|---|---|---|---|---|---|---|
| 지민 | 목요일 | 윤상 | 금요일 | 문정 | 월요일 | 준규 | 수요일 |
| 인호 | 수요일 | 다윤 | 금요일 | 재혁 | 목요일 | 영아 | 금요일 |
| 나라 | 금요일 | 은비 | 화요일 | 채원 | 수요일 | 호중 | 목요일 |
| 기석 | 월요일 | 현이 | 수요일 | 세민 | 금요일 | 대희 | 월요일 |

**1** 조사한 자료를 보고 표로 나타내세요.

**도서관을 이용하는 요일별 학생 수**

| 요일 | 월요일 | 화요일 | 수요일 | 목요일 | 금요일 | 합계 |
|---|---|---|---|---|---|---|
| 학생 수(명) | 3 | 1 | 4 | 3 | 5 | 16 |

**2** 표를 보고 ✕를 이용하여 그래프로 나타내세요.

**도서관을 이용하는 요일별 학생 수**

| 금요일 | ✕ | ✕ | ✕ | ✕ | ✕ |
|---|---|---|---|---|---|
| 목요일 | ✕ | ✕ | ✕ | | |
| 수요일 | ✕ | ✕ | ✕ | ✕ | |
| 화요일 | ✕ | | | | |
| 월요일 | ✕ | ✕ | ✕ | | |
| 요일 / 학생수(명) | 1 | 2 | 3 | 4 | 5 |

5. 표와 그래프 157

## 158 159

### 개념 쏙쏙 표와 그래프를 보는 방법

4 표와 그래프의 내용

**좋아하는 급식 디저트별 학생 수**

| 디저트 | 마카롱 | 요구르트 | 과일 | 초콜릿 | 젤리 | 합계 |
|---|---|---|---|---|---|---|
| 학생 수(명) | 7 | 1 | 3 | 4 | 5 | 20 |

> 표에서는 종류별 자료의 수와 전체 자료의 수를 쉽게 알 수 있습니다.

⬇

**좋아하는 급식 디저트별 학생 수**

| 7 | ○ | | | | |
|---|---|---|---|---|---|
| 6 | ○ | | | | |
| 5 | ○ | | | | ○ |
| 4 | ○ | | | ○ | ○ |
| 3 | ○ | | ○ | ○ | ○ |
| 2 | ○ | | ○ | ○ | ○ |
| 1 | ○ | ○ | ○ | ○ | ○ |
| 학생 수(명) / 디저트 | 마카롱 | 요구르트 | 과일 | 초콜릿 | 젤리 |

좋아하는 급식 디저트의 종류

> 그래프에서는 가장 많은 것과 가장 적은 것을 한눈에 알 수 있습니다.

➡ <좋아하는 급식 디저트별 학생 수>의 자료를 통해 마카롱을 급식 디저트로 정하는 것이 좋겠습니다.

### 개념 익히기

위의 표와 그래프를 보고 물음에 답하세요.

**1** 급식 디저트 중에서 과일을 좋아하는 학생은 몇 명일까요? ( 3 )명

**2** 3명보다 더 많은 학생이 좋아하는 급식 디저트를 모두 쓰세요.
( 마카롱, 초콜릿, 젤리 )

**3** 표와 그래프 중에서 전체 학생 수를 알아보기 편리한 것은 무엇일까요?
( 표 )

158 초등수학 2학년 2학기

### 개념 다지기

꿀맛 베이커리에서 오늘 팔린 빵의 수를 조사하여 그래프로 나타냈습니다. 물음에 답하세요.

> ○의 개수가 많을수록 많이 팔린 거야~

**꿀맛 베이커리에서 오늘 팔린 종류별 빵의 수**

| 꽈배기 | ○ | ○ | ○ | ○ | ○ | ○ | ○ | ○ | ○ | | | |
|---|---|---|---|---|---|---|---|---|---|---|---|---|
| 치즈빵 | ○ | ○ | ○ | ○ | ○ | ○ | ○ | | | | | |
| 팥빵 | ○ | ○ | ○ | | | | | | | | | |
| 피자빵 | ○ | ○ | ○ | ○ | ○ | ○ | ○ | ○ | ○ | ○ | ○ | ○ |
| 크림빵 | ○ | ○ | ○ | ○ | ○ | ○ | ○ | ○ | ○ | | | |
| 빵 / 팔린 수(개) | 1 | 2 | 3 | 4 | 5 | 6 | 7 | 8 | 9 | 10 | 11 | 12 |

**1** 꿀맛 베이커리에서 오늘 팔린 빵의 종류는 몇 가지일까요? ( 5 )가지

**2** 꿀맛 베이커리에서 오늘 가장 많이 팔린 빵은 무엇일까요? ( 피자빵 )

**3** 꿀맛 베이커리에서 오늘 가장 적게 팔린 빵은 무엇일까요? ( 팥빵 )

**4** 위의 그래프를 보고 알 수 있는 사실에 ○표, 그렇지 않은 것에 ✕표 하세요.

① 꿀맛 베이커리에서 오늘 두 번째로 많이 팔린 빵의 수 ·········( ○ )

② 꿀맛 베이커리에 마지막으로 온 손님이 사 간 빵의 종류 ·········( ✕ )

③ 오늘 팔린 크림빵 수와 치즈빵 수의 차 ·········( ○ )

④ 꿀맛 베이커리에 어제 왔던 손님의 수 ·········( ✕ )

5. 표와 그래프 159

## 개념 다지기

정답 41쪽

학급별로 텃밭에서 키우고 싶은 채소를 조사하여 표로 나타냈습니다. 물음에 답하세요.

2개의 표를 보면서 비교해 봐~

### 지아네 반 학생들이 키우고 싶은 채소별 학생 수

| 채소 | 감자 | 고구마 | 오이 | 상추 | 양파 | 합계 |
|---|---|---|---|---|---|---|
| 학생 수(명) | 5 | 7 | 4 | 4 | 2 | 22 |

### 서진이네 반 학생들이 키우고 싶은 채소별 학생 수

| 채소 | 감자 | 고구마 | 오이 | 상추 | 양파 | 합계 |
|---|---|---|---|---|---|---|
| 학생 수(명) | 3 | 5 | 1 | 6 | 4 | 19 |

**1** 지아네 반과 서진이네 반의 학생 수는 몇 명인지 표의 빈칸을 알맞게 채우세요.

$$3+5+1+6+4=19$$

**2** 지아네 반과 서진이네 반에서 감자를 키우고 싶어하는 학생 수는 모두 몇 명일까요?

$$5+3=8$$ ( 8 )명

**3** <서진이네 반 학생들이 키우고 싶은 채소별 학생 수>를 그래프로 나타낼 때, 가로에 학생 수를 쓴다면 세로에 무엇을 써야 할까요?

( 채소 )

**4** 학급 텃밭에서 한 가지 채소를 키운다면 무엇을 키울지 정하고, 그 이유를 쓰세요.

예

지아네 반 **고구마**    서진이네 반 **상추**

이유 각 반에서 가장 많은 학생이 키우고 싶은 채소이기 때문입니다.

---

## 개념 펼치기

정답 41쪽

단체 도시락을 주문하기 위해 학생들이 좋아하는 도시락 메뉴를 조사하여 그래프로 나타냈습니다. 물음에 답하세요.

표의 세로와 가로에 나타낸 것이 각각 무엇인지부터 살펴봐~

### 좋아하는 도시락 메뉴별 학생 수

| | 김밥 | 주먹밥 | 유부초밥 | 샌드위치 |
|---|---|---|---|---|
| 8 | | | | ○ |
| 7 | ○ | | | ○ |
| 6 | ○ | | | ○ |
| 5 | ○ | | | ○ |
| 4 | ○ | ○ | | ○ |
| 3 | ○ | ○ | ○ | ○ |
| 2 | ○ | ○ | ○ | ○ |
| 1 | ○ | ○ | ○ | ○ |
| ㉠ / ㉡ | 김밥 | 주먹밥 | 유부초밥 | 샌드위치 |

**1** 그래프에서 ㉠, ㉡에 알맞은 말을 쓰세요.

㉠: 학생 수    ㉡: 도시락 메뉴

**2** 위의 그래프를 보고 알 수 있는 사실에 ○표, 그렇지 않은 것에 ✕표 하세요.

① 조사에 응답한 학생 수 ·········· ( ○ )

② 오늘 김밥을 먹은 학생 수 ·········· ( ✕ )

③ 가장 많은 학생들이 좋아하는 도시락 메뉴 ·········· ( ○ )

**3** 빈칸에 알맞은 말을 쓰세요.

 단체 도시락은 주먹밥으로 할까?

그것보다 가장 많은 학생들이 좋아하는 샌드위치 를 주문하는 게 좋겠어!

---

## 개념 마무리

정답 41쪽   5단원 표와 그래프

[1-4] 승희네 모둠 학생들이 키우고 싶은 애완동물을 조사했습니다. 물음에 답하세요.

### 키우고 싶은 애완동물

| 이름 | 애완동물 | 이름 | 애완동물 |
|---|---|---|---|
| 승희 | 강아지 | 강우 | 고양이 |
| 도현 | 고양이 | 나리 | 강아지 |
| 주원 | 강아지 | 태호 | 햄스터 |
| 민아 | 햄스터 | 예은 | 고양이 |
| 규호 | 고슴도치 | 수빈 | 강아지 |

**1** 태호가 키우고 싶은 애완동물은 무엇일까요?

( 햄스터 )

**2** 자료를 보고 표로 나타내어 보세요.

### 키우고 싶은 애완동물별 학생 수

| 애완동물 | 고양이 | 강아지 | 고슴도치 | 햄스터 | 합계 |
|---|---|---|---|---|---|
| 학생 수(명) | 3 | 4 | 1 | 2 | 10 |

**3** 가장 많은 학생들이 키우고 싶은 애완동물은 무엇일까요?

( 강아지 )

**4** 조사한 학생은 모두 몇 명일까요?

( 10 )명

[5-6] 어느 해 5월의 날씨를 조사했습니다. 물음에 답하세요.

### 5월의 날씨

| 일 | 월 | 화 | 수 | 목 | 금 | 토 |
|---|---|---|---|---|---|---|
| | | | 1 | 2 | 3 | 4 |
| 5 | 6 | 7 | 8 | 9 | 10 | 11 |
| 12 | 13 | 14 | 15 | 16 | 17 | 18 |
| 19 | 20 | 21 | 22 | 23 | 24 | 25 |
| 26 | 27 | 28 | 29 | 30 | 31 | |

☀맑음 ☁흐림 ☂비

**5** 자료를 보고 표로 나타내어 보세요.

### 5월 날씨별 일수

| 날씨 | ☀ | ☁ | ☂ | 합계 |
|---|---|---|---|---|
| 일수(일) | 14 | 8 | 9 | 31 |

**6** 5월 중 가장 적었던 날씨는 무엇일까요?

( 흐림 )

**7** 색깔별로 10개씩 있던 연결 모형을 몇 개 잃어버리고, 남은 것의 수를 표로 나타냈습니다. 빈칸을 알맞게 채우세요.

| 색깔 | 빨간색 | 노란색 | 보라색 | 합계 |
|---|---|---|---|---|
| 연결 모형 수(개) | 10 | 7 | 9 | 26 |

노란 색 3 개, 보라 색 1 개가 없어졌습니다.

---

[8-10] 주사위를 10번 굴려서 나온 눈의 횟수를 조사하여 그래프로 나타냈습니다. 물음에 답하세요.

### 주사위를 굴려 나온 눈의 횟수

| 나온 횟수(번) / 주사위 눈 | 1 | 2 | 3 | 4 |
|---|---|---|---|---|
| ⚀ | ○ | | | |
| ⚁ | | | | |
| ⚂ | ○ | ○ | | |
| ⚃ | ○ | ○ | ○ | ○ |
| ⚄ | ○ | ○ | | |
| ⚅ | ○ | | | |

**8** 그래프의 가로와 세로에는 각각 어떤 내용을 나타내고 있을까요?

• 가로: ( 나온 횟수 )

• 세로: ( 주사위 눈 )

**9** 가장 많이 나온 주사위 눈에 ○표 하세요.

⚀ ⚁ ⚂ (⚃) ⚄ ⚅

**10** 한 번도 나오지 않은 주사위 눈에 △표 하세요.

⚀ (⚁) ⚂ ⚃ ⚄ ⚅

[11-13] 정우네 반 학생들의 혈액형을 조사하여 나타낸 표입니다. 물음에 답하세요.

### 혈액형별 학생 수

| 혈액형 | A | B | O | AB | 합계 |
|---|---|---|---|---|---|
| 학생 수(명) | 10 | 8 | 2 | 5 | 25 |

$$25-10-2-5=8$$

**11** 표의 빈칸을 알맞게 채우세요.

**12** 위의 표를 그래프로 나타내려고 합니다. ○를 이용하여 아래부터 위로 표시하려면 그래프의 가로와 세로에 각각 무엇을 써야 할까요?

• 가로: ( 혈액형 )

• 세로: ( 학생 수 )

**13** 표를 보고 ○를 아래부터 위로 표시하여 그래프로 나타내세요.

### 혈액형별 학생 수

| 학생 수(명) / 혈액형 | A | B | O | AB |
|---|---|---|---|---|
| 10 | ○ | | | |
| 9 | ○ | | | |
| 8 | ○ | ○ | | |
| 7 | ○ | ○ | | |
| 6 | ○ | ○ | | |
| 5 | ○ | ○ | | ○ |
| 4 | ○ | ○ | | ○ |
| 3 | ○ | ○ | | ○ |
| 2 | ○ | ○ | ○ | ○ |
| 1 | ○ | ○ | ○ | ○ |

# 정답 및 해설

## 개념 마무리

[14-18] 별빛 카페에서 오늘 팔린 음료의 수를 조사하여 나타낸 표입니다. 물음에 답하세요.

**별빛 카페에서 오늘 팔린 음료의 수**

| 음료 | 주스 | 차 | 우유 | 코코아 | 합계 |
|------|------|----|------|--------|------|
| 팔린 수 (잔) | 11 | 7 | 8 | 14 | 40 |

**14** 오늘 팔린 음료는 모두 40잔입니다. 표의 빈칸을 알맞게 채우세요.

$40-11-7-8=14$

**15** 표를 보고 ○를 이용하여 그래프로 나타내세요.

**별빛 카페에서 오늘 팔린 음료의 수**

| 14 | | | | ○ |
|----|---|---|---|---|
| 13 | | | | ○ |
| 12 | | | | ○ |
| 11 | ○ | | | ○ |
| 10 | ○ | | | ○ |
| 9 | ○ | | | ○ |
| 8 | ○ | | ○ | ○ |
| 7 | ○ | ○ | ○ | ○ |
| 6 | ○ | ○ | ○ | ○ |
| 5 | ○ | ○ | ○ | ○ |
| 4 | ○ | ○ | ○ | ○ |
| 3 | ○ | ○ | ○ | ○ |
| 2 | ○ | ○ | ○ | ○ |
| 1 | ○ | ○ | ○ | ○ |
| 팔린 수 (잔) / 음료 | 주스 | 차 | 우유 | 코코아 |

**16** 10잔보다 많이 팔린 음료를 모두 쓰세요.

( 주스, 코코아 )

**17** 표와 그래프를 보고 **알 수 없는** 사실을 모두 골라 기호를 쓰세요.

> ㉠ 오늘 하루 동안 가장 적게 팔린 음료의 종류 → 차
> ㉡ 어제 가장 많이 팔린 음료의 종류
> ㉢ 오늘 첫 번째로 온 손님이 산 음료의 종류
> ㉣ 오늘 10잔보다 적게 팔린 음료의 종류 → 차, 우유
> ㉤ 오늘 팔린 음료 가격의 합계

( ㉡, ㉢, ㉤ )

**18** 알맞은 말에 ○표 하세요.

- 별빛 카페에서 오늘 팔린 음료의 전체 수를 알아보기에 편한 것은 (⊙표, 그래프 )입니다.
- 별빛 카페에서 오늘 두 번째로 많이 팔린 음료가 무엇인지 한눈에 알아보기에 편한 것은 ( 표, ⊙그래프 )입니다.

164 초등수학 2학년 2학기

---

정답 42쪽　5단원 **표와 그래프**

**19** 각 모둠별로 받은 칭찬 스티커 수를 조사하여 나타낸 그래프입니다. 스티커 10개마다 선물을 받을 때, 선물을 받지 못한 모둠은 어느 모둠인지 쓰세요.

**모둠별 칭찬 스티커의 수**

| 14 | | | |
|----|---|---|---|
| 13 | | / | |
| 12 | | / | |
| 11 | / | / | |
| 10 | / | / | |
| 9 | / | / | / |
| 8 | / | / | / |
| 7 | / | / | / |
| 6 | / | / | / |
| 5 | / | / | / |
| 4 | / | / | / |
| 3 | / | / | / |
| 2 | / | / | / |
| 1 | / | / | / |
| 스티커 수 (개) / 모둠 | 1모둠 | 2모둠 | 3모둠 |

( 3모둠 )

**20** 승현이네 반 학생들이 좋아하는 책을 조사하여 나타낸 그래프입니다. (서술형)

**좋아하는 책별 학생 수**

| 8 | | | | |
|---|---|---|---|---|
| 7 | | ○ | | |
| 6 | | ○ | | |
| 5 | | ○ | ○ | |
| 4 | ○ | ○ | ○ | ○ |
| 3 | ○ | ○ | ○ | ○ |
| 2 | ○ | ○ | ○ | ○ |
| 1 | ○ | ○ | ○ | ○ |
| 학생 수 (명) / 책 | 과학책 | 위인전 | 동화책 | 역사책 |

승현이네 반 학급 문고에 책을 더 사려고 한다면 어떤 책을 사야 좋을지 쓰고, 이유를 설명해 보세요.

답　**동화책**

이유　예 동화책을 좋아하는 학생 수가 가장 많으므로 동화책을 더 사는 것이 좋겠습니다.

5. 표와 그래프 165

---

5 표와 그래프

## 상상력 키우기

**1** 친구들의 혈액형을 조사해서 표를 만들어 보세요.

예
**혈액형별 학생 수**

| 혈액형 | A | B | AB | O | 합계 |
|--------|---|---|----|----|------|
| 학생 수 (명) | 8 | 6 | 4 | 5 | 23 |

**2** 위에서 조사한 표를 그래프로 나타내 보세요.

예
**혈액형별 학생 수**

| 10 | | | | |
|----|---|---|---|---|
| 9 | | | | |
| 8 | ○ | | | |
| 7 | ○ | | | |
| 6 | ○ | ○ | | |
| 5 | ○ | ○ | | ○ |
| 4 | ○ | ○ | ○ | ○ |
| 3 | ○ | ○ | ○ | ○ |
| 2 | ○ | ○ | ○ | ○ |
| 1 | ○ | ○ | ○ | ○ |
| 학생 수 (명) / 혈액형 | A | B | AB | O |

166 초등수학 2학년 2학기

---

•**6단원** 규칙 찾기

# 6 규칙 찾기

**이 단원에서 배울 내용**

- 무늬와 모양에서의 규칙 찾기, 덧셈표와 곱셈표에서 규칙 찾기

1 한 줄 규칙 찾기
2 여러 줄 규칙 찾기
3 복잡한 규칙 찾기
4 쌓은 모양에서 규칙 찾기 (1)
5 쌓은 모양에서 규칙 찾기 (2)
6 덧셈표에서 규칙 찾기
7 곱셈표에서 규칙 찾기
8 생활에서 규칙 찾기

---

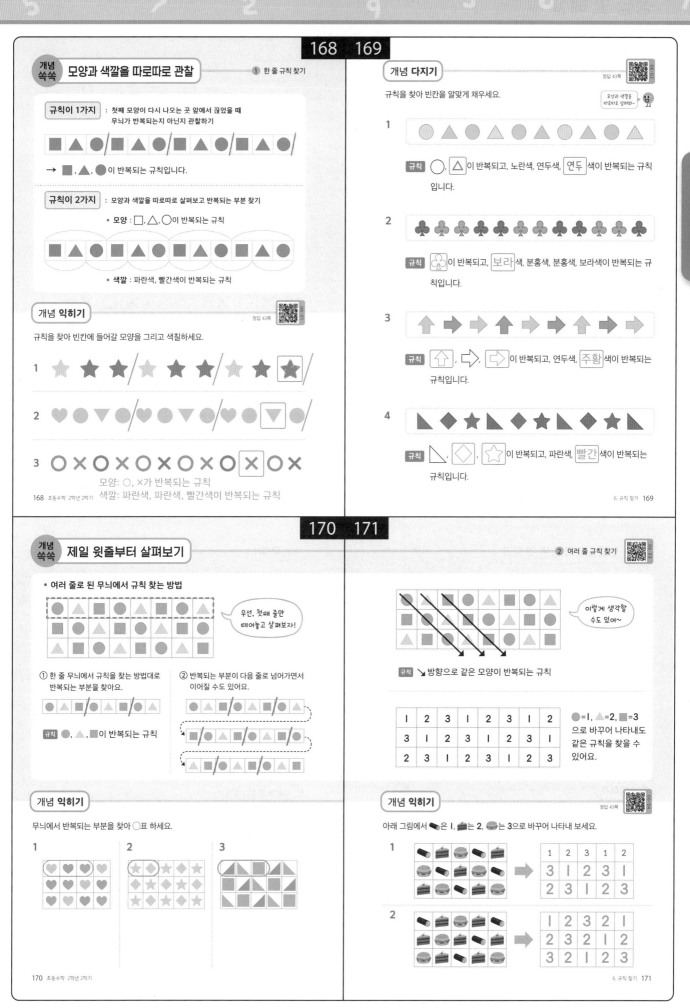

# 정답 및 해설

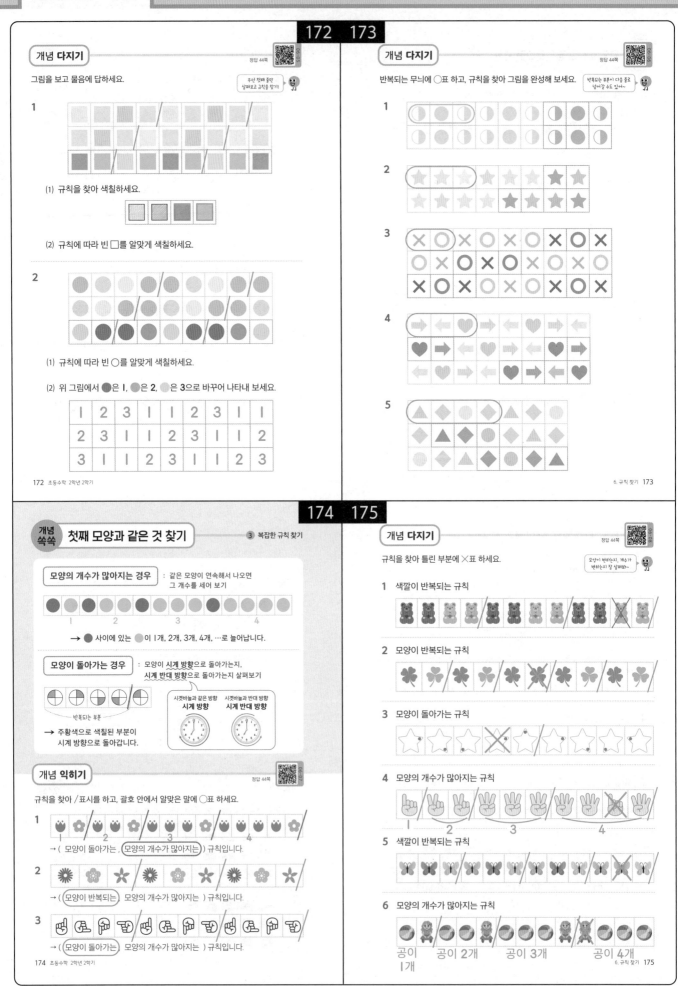

## 172 173

### 개념 다지기

그림을 보고 물음에 답하세요.

우선 첫째 줄만
살펴보고 고치를 찾기!

**1**

(1) 규칙을 찾아 색칠하세요.

(2) 규칙에 따라 빈 □를 알맞게 색칠하세요.

**2**

(1) 규칙에 따라 빈 ○를 알맞게 색칠하세요.

(2) 위 그림에서 ●은 1, ●은 2, ○은 3으로 바꾸어 나타내 보세요.

| | | | | | | | | |
|---|---|---|---|---|---|---|---|---|
| 1 | 2 | 3 | 1 | 1 | 2 | 3 | 1 | 1 |
| 2 | 3 | 1 | 1 | 2 | 3 | 1 | 1 | 2 |
| 3 | 1 | 1 | 2 | 3 | 1 | 1 | 2 | 3 |

### 개념 다지기

반복되는 무늬에 ◯표 하고, 규칙을 찾아 그림을 완성해 보세요.

반복되는 부분이 다음 줄로
넘어갈 수도 있어~

**1**

**2**

**3**

**4**

**5**

## 174 175

### 개념 쏙쏙 첫째 모양과 같은 것 찾기

③ 복잡한 규칙 찾기

**모양의 개수가 많아지는 경우** : 같은 모양이 연속해서 나오면
그 개수를 세어 보기

→ ● 사이에 있는 ○이 1개, 2개, 3개, 4개, …로 늘어납니다.

**모양이 돌아가는 경우** : 모양이 **시계 방향**으로 돌아가는지,
**시계 반대 방향**으로 돌아가는지 살펴보기

반복되는 부분

시곗바늘과 같은 방향
**시계 방향**

시곗바늘과 반대 방향
**시계 반대 방향**

→ 주황색으로 색칠된 부분이
시계 방향으로 돌아갑니다.

### 개념 익히기

규칙을 찾아 /표시를 하고, 괄호 안에서 알맞은 말에 ◯표 하세요.

**1**

→ ( 모양이 돌아가는 , (모양의 개수가 많아지는) ) 규칙입니다.

**2**

→ ( (모양이 반복되는) , 모양의 개수가 많아지는 ) 규칙입니다.

**3**

→ ( (모양이 돌아가는) , 모양의 개수가 많아지는 ) 규칙입니다.

### 개념 다지기

규칙을 찾아 틀린 부분에 ✕표 하세요.

모양이 변하는지, 개수가
변하는지 잘 살펴봐~

**1** 색깔이 반복되는 규칙

**2** 모양이 반복되는 규칙

**3** 모양이 돌아가는 규칙

**4** 모양의 개수가 많아지는 규칙

1    2    3    4

**5** 색깔이 반복되는 규칙

**6** 모양의 개수가 많아지는 규칙

공이
1개    공이 2개    공이 3개    공이 4개

### 개념 펼치기

규칙을 찾아 빈칸에 들어갈 알맞은 모양을 그리거나 색칠해 보세요.

**1**

**2**

**3**

**4**

색깔 규칙인지
모양 규칙인지
둘 다인지 살펴봐~

**5**

**6**

**7**

모양: △, ▷, ▽, ◁ 이
반복되는 규칙

색깔: 노란색, 빨간색이 반복되는
규칙

**8**

분홍색, 하늘색이 각각 1개, 2개, 3개, …로 늘어나는 규칙

**9**

**10**

모양: △, □, ○이
반복되는 규칙

색깔: 파란색, 연두색이
반복되는 규칙

### 개념 쏙쏙　반복되는 규칙

**4 쌓은 모양에서 규칙 찾기 (1)**

쌓기나무에서 규칙을 찾을 때도
첫째 모양이 다시 나오는 곳 앞에서 끊어 보기!

→ 쌓기나무의 수가 왼쪽에서 오른쪽으로
**3개, 2개**씩 반복되는 규칙입니다.

→ 쌓기나무의 수가 왼쪽에서 오른쪽으로
**1개, 2개**씩 반복되는 규칙입니다.

또는 ' ㄱ '자 모양이 반복되는 규칙입니다.

### 개념 익히기

쌓은 모양에서 규칙을 찾아 빈칸을 알맞게 채우세요.

**1**

→ 쌓기나무의 수가 왼쪽에서
오른쪽으로 ③ 개, ① 개씩
반복됩니다.

**2**

→ 쌓기나무의 수가 왼쪽에서 오른쪽으로
② 개, ③ 개, ① 개씩 반복됩니다.

### 개념 다지기

쌓기나무로 쌓은 모양을 보고 규칙을 쓰세요.

반복되는 부분이
어디인지 찾아봐~

**1**

규칙 예 쌓기나무의 수가 왼쪽에서 오른쪽으로 1개, 2개, 1개씩 반복됩니다.

예 ' ㅗ '자 모양이 반복됩니다.

**2**

규칙 예 쌓기나무의 수가 왼쪽에서 오른쪽으로 3개, 1개, 1개씩
반복됩니다.

**3**

규칙 예 쌓기나무의 수가 왼쪽에서 오른쪽으로 1개, 3개씩 반복됩니다.

예 ' ㅓ '자 모양이 반복됩니다.

**4**

규칙 예 쌓기나무의 수가 왼쪽에서 오른쪽으로 3개, 2개, 1개,
2개씩 반복됩니다.

정답 및 해설

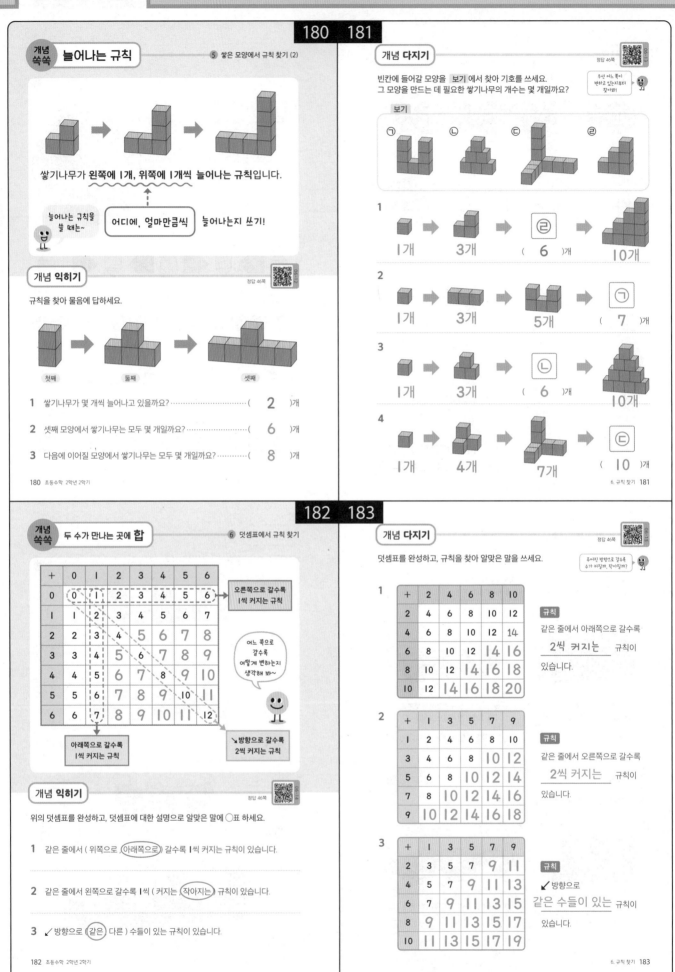

**180  181**

개념 쏙쏙 **늘어나는 규칙**  ⑤ 쌓은 모양에서 규칙 찾기 (2)

쌓기나무가 왼쪽에 1개, 위쪽에 1개씩 늘어나는 규칙입니다.

늘어나는 규칙을 쓸 때는~

**어디에, 얼마만큼씩** 늘어나는지 쓰기!

개념 **익히기**

정답 46쪽

규칙을 찾아 물음에 답하세요.

첫째        둘째        셋째

1  쌓기나무가 몇 개씩 늘어나고 있을까요? ············· ( 2 )개

2  셋째 모양에서 쌓기나무는 모두 몇 개일까요? ············· ( 6 )개

3  다음에 이어질 모양에서 쌓기나무는 모두 몇 개일까요? ············· ( 8 )개

180 초등수학 2학년 2학기

개념 **다지기**

정답 46쪽

빈칸에 들어갈 모양을 보기 에서 찾아 기호를 쓰세요. 그 모양을 만드는 데 필요한 쌓기나무의 개수는 몇 개일까요?

우선 어느 쪽이 변하고 있는지부터 찾아봐!

보기

㉠        ㉡        ㉢        ㉣

1  1개  ➡  3개  ➡  ( 6 )개 ㉣  ➡  10개

2  1개  ➡  3개  ➡  5개  ➡  ( 7 )개 ㉠

3  1개  ➡  3개  ➡  ( 6 )개 ㉡  ➡  10개

4  1개  ➡  4개  ➡  7개  ➡  ( 10 )개 ㉢

6. 규칙 찾기 181

**182  183**

개념 쏙쏙 **두 수가 만나는 곳에 합**  ⑥ 덧셈표에서 규칙 찾기

| + | 0 | 1 | 2 | 3 | 4 | 5 | 6 |
|---|---|---|---|---|---|---|---|
| 0 | 0 | 1 | 2 | 3 | 4 | 5 | 6 |
| 1 | 1 | 2 | 3 | 4 | 5 | 6 | 7 |
| 2 | 2 | 3 | 4 | 5 | 6 | 7 | 8 |
| 3 | 3 | 4 | 5 | 6 | 7 | 8 | 9 |
| 4 | 4 | 5 | 6 | 7 | 8 | 9 | 10 |
| 5 | 5 | 6 | 7 | 8 | 9 | 10 | 11 |
| 6 | 6 | 7 | 8 | 9 | 10 | 11 | 12 |

오른쪽으로 갈수록 1씩 커지는 규칙

어느 쪽으로 갈수록 어떻게 변하는지 생각해 봐~

아래쪽으로 갈수록 1씩 커지는 규칙

↘방향으로 갈수록 2씩 커지는 규칙

개념 **익히기**

정답 46쪽

위의 덧셈표를 완성하고, 덧셈표에 대한 설명으로 알맞은 말에 ◯표 하세요.

1  같은 줄에서 ( 위쪽으로, (아래쪽으로) ) 갈수록 1씩 커지는 규칙이 있습니다.

2  같은 줄에서 왼쪽으로 갈수록 1 ( 커지는, (작아지는) ) 규칙이 있습니다.

3  ↘방향으로 ( (같은) 다른 ) 수들이 있는 규칙이 있습니다.

182 초등수학 2학년 2학기

개념 **다지기**

정답 46쪽

덧셈표를 완성하고, 규칙을 찾아 알맞은 말을 쓰세요.

줄어진 방향으로 갈수록 수가 커질까, 작아질까?

1

| + | 2 | 4 | 6 | 8 | 10 |
|---|---|---|---|---|---|
| 2 | 4 | 6 | 8 | 10 | 12 |
| 4 | 6 | 8 | 10 | 12 | 14 |
| 6 | 8 | 10 | 12 | 14 | 16 |
| 8 | 10 | 12 | 14 | 16 | 18 |
| 10 | 12 | 14 | 16 | 18 | 20 |

규칙

같은 줄에서 아래쪽으로 갈수록

__2씩 커지는__ 규칙이 있습니다.

2

| + | 1 | 3 | 5 | 7 | 9 |
|---|---|---|---|---|---|
| 1 | 2 | 4 | 6 | 8 | 10 |
| 3 | 4 | 6 | 8 | 10 | 12 |
| 5 | 6 | 8 | 10 | 12 | 14 |
| 7 | 8 | 10 | 12 | 14 | 16 |
| 9 | 10 | 12 | 14 | 16 | 18 |

규칙

같은 줄에서 오른쪽으로 갈수록

__2씩 커지는__ 규칙이 있습니다.

3

| + | 1 | 3 | 5 | 7 | 9 |
|---|---|---|---|---|---|
| 2 | 3 | 5 | 7 | 9 | 11 |
| 4 | 5 | 7 | 9 | 11 | 13 |
| 6 | 7 | 9 | 11 | 13 | 15 |
| 8 | 9 | 11 | 13 | 15 | 17 |
| 10 | 11 | 13 | 15 | 17 | 19 |

규칙

↙방향으로

__같은 수들이 있는__ 규칙이

있습니다.

6. 규칙 찾기 183

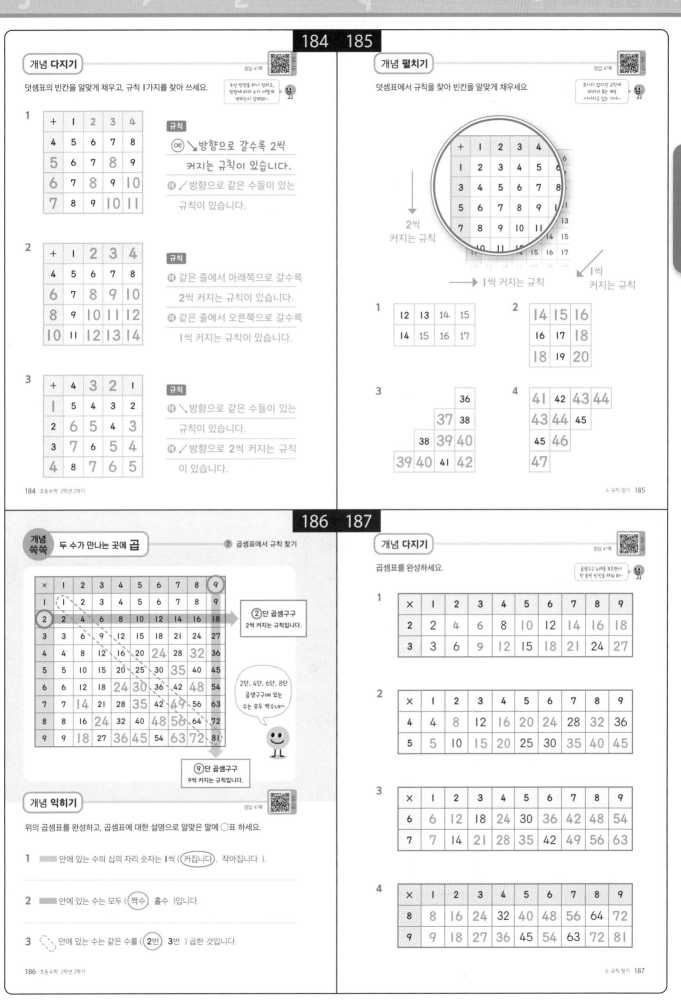

## 188　189

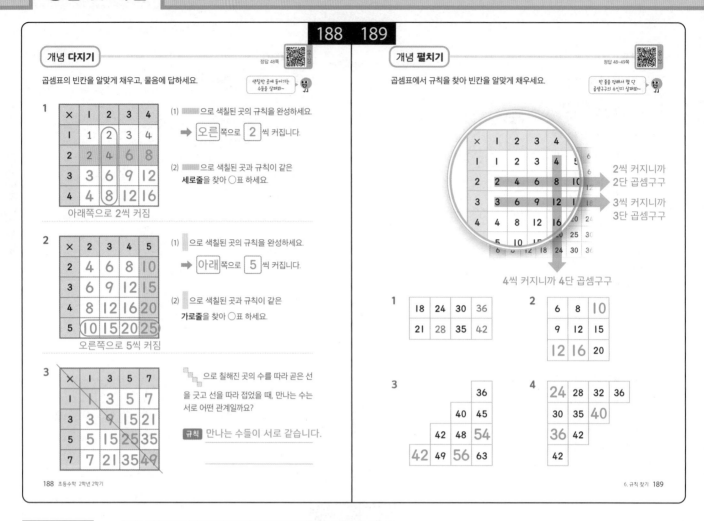

6. 규칙 찾기 189

---

189쪽

주어진 곱셈표 부분에서 가로줄 또는 세로줄이
몇 단 곱셈구구인지 살펴보면 됩니다.

### 1

18과 24가 6 차이이므로, 6단 곱셈구구
→ 오른쪽으로 6씩 커짐

6단 곱셈구구의 아랫줄이므로, 7단 곱셈구구
→ 오른쪽으로 7씩 커짐

### 2

수가 모두
채워져 있는
가운데 줄부터 ─ ─ ─
살펴보기
→ 3단 곱셈구구

3단 곱셈구구의 윗줄이므로, 2단 곱셈구구
→ 오른쪽으로 2씩 커짐

3단 곱셈구구의 아랫줄이므로, 4단 곱셈구구
→ 오른쪽으로 4씩 커짐

3

가장 많은 수가 채워져 있는
오른쪽 줄부터 살펴보기
→ 아래쪽으로 **9**씩 커지니까,
**9단** 곱셈구구

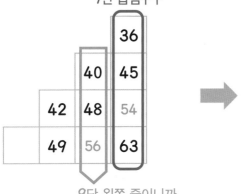

| | | 36 |
|---|---|---|
| | 40 | 45 |
| 42 | 48 | 54 |
| 49 | 56 | 63 |

**9단** 왼쪽 줄이니까,
**8단** 곱셈구구
→ 아래쪽으로 **8**씩 커짐

| | | | 36 |
|---|---|---|---|
| | | 40 | 45 |
| | 42 | 48 | 54 |
| 42 | 49 | 56 | 63 |

**63**과 **56**이 **7** 차이이므로,
**7단** 곱셈구구
→ 오른쪽으로 **7**씩 커짐

---

4

| 24 | 28 | 32 | 36 |
|---|---|---|---|

가장 많은 수가 채워져 있는 윗줄부터 살펴보기
→ 오른쪽으로 **4**씩 커지니까, **4단** 곱셈구구

| 30 | 35 | 40 |
|---|---|---|

**4단** 곱셈구구의 아랫줄이므로, **5단** 곱셈구구
→ 오른쪽으로 **5**씩 커짐

| 36 | 42 |
|---|---|

**5단** 곱셈구구의 아랫줄이므로, **6단** 곱셈구구
→ 오른쪽으로 **6**씩 커짐

| 42 |
|---|

## 190 191

### 개념 쏙쏙 →, ↓, ↘, ↙ 방향 규칙

8 생활에서 규칙 찾기

달력, 극장의 좌석표 등 생활에서 **규칙**을 찾을 수 있습니다.

**11월**

| 일 | 월 | 화 | 수 | 목 | 금 | 토 |
|---|---|---|---|---|---|---|
|  | 1 | 2 | 3 | 4 | 5 | 6 |
| 7 | 8 | 9 | 10 | 11 | 12 | 13 |
| 14 | 15 | 16 | 17 | 18 | 19 | 20 |
| 21 | 22 | 23 | 24 | 25 | 26 | 27 |
| 28 | 29 | 30 |  |  |  |  |

이외에도 여러 가지 규칙이 있어!

오른쪽으로 1씩 커지는 규칙입니다.

아래로 **7**씩 커지는 규칙입니다.

↘방향으로 8씩 커지는 규칙입니다.

### 개념 익히기

정답 50쪽

극장 의자 번호를 보고 물음에 답하세요.

스크린

| 가1 | 가2 | 가3 | 가4 | 가5 | 가6 | 가7 | 가8 | 가9 |
| 나1 | 나2 | 나3 | 나4 | 나5 | 나6 | 나7 | 나8 | 나9 |
| 다1 | 다2 | 다3 | 다4 | 다5 | 다6 | 다7 | 다8 | 다9 |
| 라1 | 라2 | 라3 | 라4 |  | 라6 | 라7 | 라8 | 라9 |

1 세로는, 앞줄에서부터 **가, 나, 다,** ...와 같이 ((한글이), 숫자가 ) 순서대로 적혀 있는 규칙입니다.

2 가로는, 왼쪽에서부터 **1, 2, 3,** ...과 같이 ( 한글이 (숫자가)) 순서대로 적혀 있는 규칙입니다.

3 색칠한 칸에 들어갈 번호는 무엇일까요?  ▢ : 라5   ▢ : 나8

190 초등수학 2학년 2학기

### 개념 다지기

정답 50쪽

그림에서 규칙을 찾아 빈칸을 알맞게 채우세요.

설명하는 방향을 따라서 선을 그려 봐~

1 전화기 숫자판의 수

| 1 | 2 | 3 |
| 4 | 5 | 6 |
| 7 | 8 | 9 |

(1) → 방향: 1씩 **커지는** 규칙이 있습니다.

(2) ↓ 방향: **3** 씩 커지는 규칙이 있습니다.

(3) ↘ 방향: **4** 씩 커지는 규칙이 있습니다.

2 승강기 버튼의 수

| 13 | 14 | 15 | 16 |
| 9 | 10 | 11 | 12 |
| 5 | 6 | 7 | 8 |
| 1 | 2 | 3 | 4 |

(1) → 방향: 1씩 **커지는** 규칙이 있습니다.

(2) ↓ 방향: **4** 씩 작아지는 규칙이 있습니다.

(3) ↙ 방향: **5** 씩 **작아지는** 규칙이 있습니다.

6. 규칙 찾기 191

## 192 193

### 개념 다지기

정답 50쪽

그림을 보고 물음에 답하세요.

일주일은 7일이었지~

1

**4월**

| 일 | 월 | 화 | 수 | 목 | 금 | 토 |
|---|---|---|---|---|---|---|
|  |  | 1 | 2 | 3 | 4 | 5 | 6 |
| 7 | 8 | 9 | 10 | 11 | 12 | 13 |
| 14 | 15 | 16 | 17 | 18 | 19 | 20 |
| 21 | 22 | 23 | 24 | 25 | 26 | 27 |
| 28 | 29 | 30 |  |  |  |  |

(1) 토요일은 **7** 일마다 반복됩니다.

(2) ↙ 방향으로 **6** 씩 커지는 규칙이 있습니다.

2

| 7 | 8 | 9 |
| 4 | 5 | 6 |
| 1 | 2 | 3 |

(1) ↘ 방향으로 **2** 씩 작아지는 규칙이 있습니다.

(2) ↑ 방향으로 **3** 씩 커지는 규칙이 있습니다.

192 초등수학 2학년 2학기

### 개념 펼치기

정답 50쪽

그림을 보고 물음에 답하세요.

생활 속에서도 규칙을 찾아볼 수 있어.

1

**버스 출발 시각**

| 춘천행 | 7시 | 7시 15분 | 7시 30분 | 7시 45분 | 8시 |
| 대전행 | 7시 40분 | 8시 | 8시 20분 | 8시 40분 | 9시 |

→ 9시 20분
20분 후

(1) 춘천행 버스는 **15** 분마다 출발하는 규칙입니다.

(2) 대전행 버스는 **20** 분마다 출발하는 규칙입니다.

(3) 태민이네 가족은 대전으로 여행을 가려고 합니다. 태민이네 가족이 **9**시 **5**분에 버스 터미널에 도착하여 가장 빨리 출발하는 버스를 탔다면, 몇 시 몇 분에 출발하는 버스를 탔을까요?  **9** 시 **20** 분

2

**무대**

첫째 둘째 셋째 ……

| 가 열 | ① | ② | ③ | ④ | ⑤ | ⑥ | 7 | 8 | 9 | 10 | 11 |
| 나 열 | ⑫ | ⑬ | ⑭ | 15 | 16 | 17 | 18 | 19 | 20 | 21 | 22 |
| 다 열 | 23 | 24 | 25 | 26 | 27 | 28 | 29 | 30 | 31 | 32 | 33 |
| 라 열 | 34 | 35 | 36 | 37 | 38 | 39 | 40 | 41 | 42 | 43 | 44 |

13번은 나 열 둘째 자리야!

(1) 은우의 자리는 **34**번입니다. 어느 열의 몇째 자리일까요?  **라** 열 **첫** 째

(2) 서희의 자리는 **라** 열의 일곱째입니다. 서희가 앉을 의자 번호는 몇 번일까요?  **40** 번

6. 규칙 찾기 193

## 개념 마무리

### [1-2] 덧셈표를 보고 물음에 답하세요.

| + | 1 | 3 | 5 | 7 | 9 |
|---|---|---|---|---|---|
| 4 | 5 | 7 | 9 | 11 | 13 |
| 5 | 6 | 8 | 10 | 12 | 14 |
| 6 | 7 | 9 | 11 | 13 | 15 |
| 7 | 8 | 10 | 12 | 14 | 16 |
| 8 | 9 | 11 | 13 | 15 | 17 |

**1** 빈칸을 알맞게 채워 덧셈표를 완성하세요.

**2** 〰으로 칠해진 곳의 규칙을 설명할 수 있도록 빈칸에 알맞은 수를 쓰세요.

↘ 방향으로 갈수록 [3] 씩 커지는 규칙이 있습니다.

**3** 다음은 승강기 숫자판의 일부입니다.

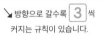 +6 (20)

6씩 커지는 규칙

이 승강기가 있는 건물이 20층까지 있다면, 20층 버튼은 몇 층 버튼 위에 있을까요?

[14] 층 버튼 위

**4** 규칙을 찾아 빈 곳을 알맞게 색칠하세요.

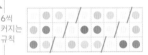

**5** 규칙을 찾아 빈칸에 들어갈 모양을 고르세요.

반복되는 부분

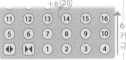

( ○ ) ( ) ( )

**6** 진호가 상자에 담긴 공의 규칙에 따라 공을 더 채워 넣으려고 합니다.

진호가 채워 넣은 공 중에서 가장 많은 것은 어떤 색이고, 몇 개일까요?

노랑 – 3개
빨강 – 2개
[파란] 색, [4] 개

194 초등수학 2학년 2학기

### [7-8] ▲, ■, ♥ 모양으로 규칙적인 무늬를 만들려고 합니다. 물음에 답하세요.

**7** 규칙을 찾아 빈칸에 알맞은 모양을 그리세요.

**8** 사용된 모양을 ▲은 3, ■은 4, ♥는 5로 바꾸어 나타내세요.

| 3 | 4 | 4 | 5 | 3 | 4 | 4 | 5 | 3 | 4 |

**9** 선희가 7월 달력을 만들고 있습니다. 이 달력의 7월 21일은 무슨 요일일까요?

**7월**

| 일 | 월 | 화 | 수 | 목 | 금 | 토 |
|---|---|---|---|---|---|---|
| | | | | 1 | 2 | 3 | 4 | 5 |
| 6 | 7 | 8 | 9 | | | |
| | 14 | | | | | |
| | 21 | | | | | |

7씩 커지는 규칙

[월] 요일

**10** 규칙을 찾아 빈칸에 들어갈 쌓기나무 모양에 ○표 하세요.

**11** 별 모양과 하트 모양 구슬을 규칙에 따라 꿰고 있습니다.

시작 →

5개를 더 꿰어 마무리한다면, 마지막 구슬의 모양은 다음 중 어느 것인지 ○표 하세요.

모양 : ☆, ♡, ☆이 반복되는 규칙
색깔 : 보라색, 연두색이 반복되는 규칙

6. 규칙 찾기 195

## 개념 마무리

### [12-13] 도영이네 가족은 고속버스를 타고 부산에 계신 할아버지 댁을 방문합니다. 물음에 답하세요.

**부산행 고속버스 출발 시각**

| 10시 | 12시 | 2시 |
|---|---|---|
| 10시 30분 | 12시 30분 | 2시 30분 |
| 11시 | 1시 | 3시 |
| 11시 30분 | 1시 30분 | 3시 30분 |

**12** 빈칸에 알맞은 수를 쓰세요.

부산행 고속버스는 [30] 분마다 출발하는 규칙이 있습니다.

**13** 도영이네 가족은 11시 8분에 버스 터미널에 도착하여 가장 빨리 출발하는 버스를 탔습니다. 도영이네 가족은 몇 시 몇 분에 출발하는 버스를 탔을까요?

[11] 시 [30] 분

### [14-15] 도영이네 가족이 탄 고속버스의 의자 배치도를 보고 물음에 답하세요.

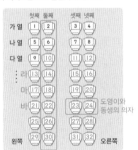

**14** 둘째 세로줄에 있는 의자 번호들의 규칙을 올바르게 설명한 것을 찾아 기호를 쓰세요.

짝수
㉠ 의자 번호는 모두 ~~홀수~~입니다.
㉡ 의자 번호는 아래쪽으로 4씩 커집니다.
㉢ 모든 번호가 4단 곱셈구구입니다. → 넷째 세로줄에 대한 설명입니다.

( ㉡ )

**15** 도영이와 동생은 **바 열**의 셋째, 넷째 의자에 앉았습니다. 도영이와 동생의 의자 번호는 각각 몇 번일까요?

[23] 번, [24] 번

196 초등수학 2학년 2학기

### [16-17] 곱셈표를 보고 물음에 답하세요.

| × | 2 | 4 | 6 | 8 |
|---|---|---|---|---|
| 2 | 4 | 8 | 12 | 16 |
| 3 | 6 | 12 | 18 | 24 |
| 4 | 8 | 16 | 24 | 32 |
| 5 | 10 | 20 | 30 | 40 |
| 6 | 12 | 24 | 36 | 48 |

① ② ③ ④

**16** 빈칸을 알맞게 채워 곱셈표를 완성하세요.

**17** ⇨에서 나타나는 규칙을 가진 세로줄은 몇 번일까요?

6씩 커지는 규칙입니다. [3] 번 세로줄

**18** 규칙에 따라 쌓기나무를 쌓았습니다. 마지막에 놓을 모양을 만들려면 쌓기나무가 몇 개 필요할까요?

[16] 개

**19** 서술형 학급 시간표에서 규칙을 찾아 보세요.

| | 월 | 화 | 수 | 목 | 금 |
|---|---|---|---|---|---|
| 1교시 | 국어 | 수학 | 사회 | 미술 | 음악 |
| 2교시 | 영어 | 국어 | 수학 | 사회 | 미술 |
| 3교시 | 과학 | 영어 | 국어 | 수학 | 사회 |
| 4교시 | 체육 | 과학 | 영어 | 국어 | 수학 |

규칙 ↘ 방향으로 같은 과목이 있습니다.

**20** 서술형 규칙을 찾아 빈칸에 알맞은 모양을 그려 보고, 규칙을 쓰세요.

모양 예 □, ♡, △이 반복되는 규칙입니다.

색깔 예 파란색, 연두색이 반복되는 규칙입니다.

6. 규칙 찾기 197

정답 및 해설 · 51

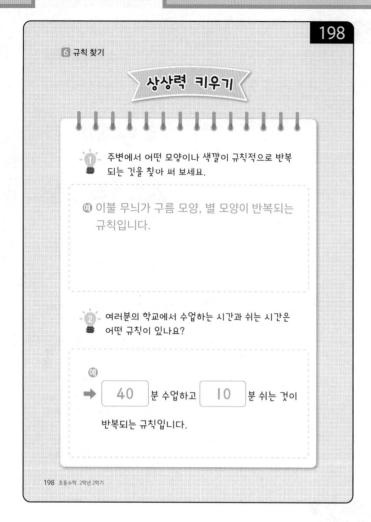

198

6 규칙 찾기

## 상상력 키우기

1 주변에서 어떤 모양이나 색깔이 규칙적으로 반복
되는 것을 찾아 써 보세요.

예 이불 무늬가 구름 모양, 별 모양이 반복되는
규칙입니다.

2 여러분의 학교에서 수업하는 시간과 쉬는 시간은
어떤 규칙이 있나요?

예
➡ 40 분 수업하고 10 분 쉬는 것이

반복되는 규칙입니다.

198 초등수학 2학년 2학기

교육 R&D에 앞서가는

그림으로 개념 잡는

# 초등수학

교육 R&D에 앞서가는
Key 키출판사

# 키출판사 수학 시리즈

## 수학의 재미를 발견하다!

이제 키출판사 **수학 시리즈**로 확실하게 **개념** 잡고, **수학** 잡으세요!